心理学与生活

王焕斌 冉亚权 徐 越◎编著

中国纺织出版社

内 容 提 要

心理学与我们的生活密不可分，每个人身上都会发生与心理学相关联的事情。揭开心理学的神秘面纱，学点生活心理学，你能够更好地了解自己、驾驭生活。

本书通过介绍心理学与自我、个性、潜意识、职场、婚姻等的相互关系，阐释心理学对人的行为、思想所产生的影响。通过不同案例的引导，结合不同心理的具体表现，为读者解读心理学在实际生活中的应用。

图书在版编目（CIP）数据

心理学与生活／王焕斌，冉亚权，徐越编著. —北京：中国纺织出版社，2017. 7（2018.4重印）
ISBN 978-7-5180-3345-4

Ⅰ.①心… Ⅱ.①王… ②冉… ③徐… Ⅲ.①心理学–通俗读物 Ⅳ.①B48-49

中国版本图书馆CIP数据核字（2017）第035674号

策划编辑：闫 星　　特约编辑：王佳新　　　　责任印制：储志伟

中国纺织出版社出版发行
地址：北京市朝阳区百子湾东里A407号楼　邮政编码：100124
销售电话：010－67004422　传真：010－87155801
http://www.c-textilep.com
E-mail：faxing@c-textilep.com
中国纺织出版社天猫旗舰店
官方微博http://weibo.com/2119887771
三河市宏盛印务有限公司印刷　各地新华书店经销
2017年7月第1版　　2018年4月第2次印刷
开本：710X1000　1/16　印张：16.5
字数：230千字　定价：38.00元

前 言

preface

"心理学"一词来源于希腊文，意思是关于灵魂的科学。随着科学的发展，心理学的对象由灵魂改为心灵。因此我们也可以把心理学看作是一门研究人的心灵的科学。人作为一种群居动物，每个人的一举一动都会对其他人的心理产生影响，导致其发生变化。在这个相互影响的过程中，人与人之间不可避免地会发生摩擦，于是，人际关系问题便出现了，而解决这些人际关系问题就是我们要学习和研究心理学的原因。

与其说学习和研究心理学会让人变得更加聪明，还不如说它其实可以让人的心智变得更加成熟。当今社会，心理问题也开始受到越来越多的人关注。尤其是现在的年轻人，面对巨大的生活压力，心理失控的人越来越多，因为心理问题而引发的社会矛盾也层出不穷，而这也正是编写本书的目的。

物竞天择、适者生存，这是自然界永恒不变的法则。随着社会发展节奏的不断加快，人与人之间的竞争也变得越发的激烈。如果说人生是一场智慧的博弈，那么，生活就是一场心理上的较量。谁的心理更强大，最后的赢家便是谁。

本书从自我、个性、职场、婚姻等方面，全面解读了心理学与生活的关系，帮助读者们利用心理学的相关知识，把握人生的主动权、摆脱负面情绪的影响、看清自己在职场的形势，在工作中轻松收获成功，在生活中顺利收获幸福。

将心理学原理及规律转化为具体应用于工作、生活中的方法，并教会人们在与人博弈的过程中获胜的策略，就是心理学的智慧。一旦掌握了心理学的智慧，我们便会发现，很多工作和生活中的难题解决起来并没有我们想的那么难。古今中外，那些最终取得胜利的赢家无不是懂得心理学的大师。

不管你是刚刚踏入职场的新人，还是已经走在途中，了解心理学，都会让你的职场生涯更加游刃有余。因此，请带着本书上路吧，相信在它的引导下，在你到达终点之前，你的人生行囊里已经收获了满满的快乐与果实。

本书共分十四章，每一章又分为若干个小节，每一个小节都是一个独立的心理解读，每一章的内容结合起来又都是一个独立的板块，分别对心理学在不同领域所起的作用进行了详细的分析。十四章内容从对自我的分析开始，由个性、潜意识、情绪逐渐向人际交往、情感、职场深入，最后以生活和成功两个永恒的主题，使本书内容得到升华。除了对人的个性、情感、职场进行了比较详细的分析以外，还有对个人消费、理财、投资的实质性建议。

如果你刚接触心理学，那么本书可以带你入门，帮你认识、了解自我；如果你正为自己的工作、感情或者未来感到困惑、迷茫，那么本书可以帮你指点迷津，走出职业倦怠。不管身处哪个领域，相信你都能在本书中得到慰藉并找到方向。

编著者
2016年1月

目 录

contents

第01章　心理学与自我：更新自我认知，寻找未知的自己 ………… 001

实现本我、自我、超我的平衡 ………………………………… 002

打造专属于你的个性 …………………………………………… 004

确立你想要的自尊 ……………………………………………… 007

扮演好你的每一个社会角色 …………………………………… 009

永远保持快乐的心态，做生活的主人 ………………………… 012

找出你的性格缺陷，勇敢去冒险 ……………………………… 014

人生的终极命题：活着是为了什么呢 ………………………… 017

第02章　心理学与个性：命运的秘密，潜藏在未知本性里 ………… 021

维护好对方的自尊心很重要 …………………………………… 022

满足对方的猎奇心理 …………………………………………… 024

每个人都渴望成为焦点 ………………………………………… 026

巧妙利用对手的虚荣心 ………………………………………… 028

交友应建立在平等相待的基础上 ……………………………… 030

把对方的排斥心理打破 ………………………………………… 032

为什么人会习惯性地自我保护 ………………………………… 034

满足对方潜在的情感需求 ……………………………………… 036

第03章 心理学与潜意识：相信自己，你无所不能 ·················· 039

　　为什么人都会做梦 ······································· 040

　　你期待什么，就会得到什么 ························· 042

　　越"努力"，越得不到 ······························· 044

　　忘掉过去，重新开始 ································· 047

　　相信自己，给自己必胜的信念 ····················· 049

第04章 心理学与负能量：摆脱心理障碍，做自己的主人 ·········· 053

　　用你的优势助你成功 ································· 054

　　你离依赖症有多远 ··································· 056

　　从心理原因分析进食障碍 ························· 058

　　洁癖其实是一种心理障碍 ························· 061

　　如何打开自闭症患者的心 ························· 063

　　为什么你会时常感到焦虑 ························· 065

　　正视恋物癖的存在 ··································· 067

第05章 心理学与情绪：别被坏情绪影响，你本可以很快乐 ········ 071

　　情商指数越高，幸福指数越高 ····················· 072

　　别像海格力斯一样，被"仇恨袋"挡住方向 ········· 074

　　热情是生活中必不可少的"活力素" ··············· 076

　　既要拿得起，也得放得下 ························· 078

　　莫用别人的错误惩罚自己 ························· 081

　　适时调整自己的紧张情绪 ························· 083

　　别做传递坏情绪的人 ································· 085

　　适时调整心理状态，让自己轻装上阵 ············· 088

第06章 心理学与交际：打造社交好人缘，让你事半功倍 ·········· 091

　　人与人之间交往越多越亲密 ························· 092

保持"跷跷板"的平衡 …………………………………………… 094

第一印象是交往的关键 ……………………………………… 096

要经常和朋友互相来往 ……………………………………… 098

懂得合作才能共赢 …………………………………………… 100

不要把自己的喜好强加给你的朋友 ……………………… 103

言多必失，多听对方说 ……………………………………… 105

第07章　心理学与爱情：看清情感的本质，点破情场迷津 ……… 109

为何总是对初恋印象深刻 …………………………………… 110

为何会有情人眼里出西施 …………………………………… 112

每个人都需要温情 …………………………………………… 114

抓得越紧，爱人离你越远 …………………………………… 116

每个人都有不愿分享的小秘密 …………………………… 119

保持沟通，婚姻更保鲜 ……………………………………… 121

每个人都是婚姻的导演 ……………………………………… 123

第08章　心理学与职场：智慧决定成败，做高效能人士 ………… 127

你是为了自己而工作 ………………………………………… 128

少说话，多做事 ……………………………………………… 130

生于忧患，死于安乐 ………………………………………… 132

男女搭配，干活不累 ………………………………………… 135

为自己制定周密的工作计划 ……………………………… 137

不要放过任何一个小细节 …………………………………… 140

第09章　心理学与管理：如何不管那么多，还能管出好结果 ……… 143

"鸟笼效应"的利与弊 ……………………………………… 144

做一个给下属带去温暖的领导 …………………………… 146

加强沟通才能从源头解决问题 …………………………… 149

及时把第一块"破窗"补好 ·················· 151

一个企业只需要一套标准 ·················· 153

拓宽眼界，多给企业一些选择 ·············· 155

只有成为权威，才能让人信服 ·············· 158

用适当的"惊吓"为自己树立威信 ············ 160

反过来提醒，对问题员工更有效 ············· 163

第10章 心理学与营销：抓住客户的心，做顾客信任的人 ········· **167**

不要给客户说"不"的机会 ·················· 168

服务至上，顾客就是上帝 ·················· 170

先推销自己，再推销商品 ·················· 173

努力给客户留下深刻的印象 ················· 175

利用从众心理把客户吸引过来 ·············· 177

跨过第一道门槛很重要 ···················· 180

第11章 心理学与理财：聪明地赚钱，打造真正富足的人生 ········ **183**

勤俭节约是永恒的理财之道 ················· 184

积累必要的资本十分重要 ·················· 186

居安思危，不要让懒惰影响自己的积累财富 ····· 188

创新思维助你致富 ························ 191

理智区分"好钱"与"坏钱" ················ 193

做一个理性投资者 ························ 195

守株待兔也是一种策略 ···················· 198

第12章 心理学与消费：花钱量入为出，走好致富第一步 ········· **201**

天上掉馅饼的好事真的存在吗 ·············· 202

理性购物，货比三家不嫌多 ················· 204

均衡消费资源，理性投资 ·················· 206

理智消费，不要被"面子"拖累 ……………………………… 209

不要为了与别人攀比而盲目埋单 …………………………… 211

第13章 心理学与日常生活：透过日常生活现象，了解背后动机 … 215

高深莫测的第六感是真的吗 ………………………………… 216

被需要为什么是一种幸福 …………………………………… 218

人在乘电梯时为什么喜欢向上看 …………………………… 220

大家为什么都喜欢坐靠边的座椅 …………………………… 223

在外受气的人为何喜欢在家里要横 ………………………… 225

为何多数人在困难面前，都选择袖手旁观 ………………… 227

为什么现代人大都相信心理测试 …………………………… 229

看演唱会时人为什么会跟着大声歌唱 ……………………… 232

蓝色汽车发生事故的概率为什么最高 ……………………… 234

第14章 心理学与成功：做好准备，成功随时可能到来 ………… 237

物以类聚，你也可以把成功吸引过来 ……………………… 238

勇敢出击，绝不轻言放弃 …………………………………… 240

找到你的方向，明确自己的"灯塔" ……………………… 243

不要把时间浪费在不值得的事情上 ………………………… 245

困境是使你强大的垫脚石 …………………………………… 247

学会放弃，你会更懂得什么是争取 ………………………… 250

参考文献 …………………………………………………… 253

心理学与自我：更新自我认知，寻找未知的自己

　　我是谁？我来自哪里？这个人类永恒的命题，困扰了人们好多年。为了让自己不再感到彷徨，不再迷失在大千世界，也为了自己能真正跨过痛苦的河流，通向幸福的彼岸，找到"真正的自己"——那个从不曾被自己了解的自己，就成了我们势在必行的事。现在，就让我们打开本书，带着心中的疑惑，带着渴望、期盼、思索，一同走进我们未知的心灵世界，寻找未知的自己，找到真实的自我，做生活的主人。

实现本我、自我、超我的平衡

在心理学中，对人格的定义比较普遍的一种说法是：所谓人格，是指一个人在社会化过程中形成和发展的思想、情感及行为的特有综合模式，这个模式包括了个体独具的、有别于他人的、稳定而统一的各种特质或特点的总体。人格不仅是独一无二的，同时也十分稳定，这对一个人的过去、现在以及将来的状态起到了决定性作用。

精神分析学家弗洛伊德认为人格结构由本我、自我与超我三个部分组成。"本我"即原我，是指原始的自己，代表生存所需的基本欲望、冲动和生命力；"自我"与"本我"正好相反，它是专管人格中道德的"司法部门"；"超我"是人格结构中的管理者，属于人格结构中重点的道德部分。

你来到书店，看中了一本找了很久的书，但是你没带够钱，巧的是你站的这一排书架正好是老板视线看不到的地方，本我会产生想拿着装包里就走的冲动，不计后果。而"本我"会理性地对当下的情况加以分析，然后克制这种冲动。"自我"这个时候可能会对自己说，再忍一忍或者可以跟老板商量一下先把书留着，等回去拿钱了再来买。"超我"则会督促自己，这种行为就是偷窃，是犯法的，会受惩罚的，所以本我、自我和超我三者构成了一个人完整的人格。

"'自我'为了驾驭'本我'举起了'超我'的鞭子"这句话很好地诠释了自我、本我与超我三者之间的关系。三者在人的身上共存，但同时它们也是此消彼长的关系，需要每个人进行自我调节，如果把握不好，不能维持三者稳定，那么就会出现人格障碍。

M市第一实验小学附属幼儿园曾经发生了震惊全市的伤人案。事情发生在上周一，下午4点左右正是家长接小孩放学的时段，也是幼儿园门口最拥挤的时段。就在这个时候，惨案发生了，一个年纪三十岁左右的男子提着菜刀冲进了人群，开始疯狂砍杀，场面一度陷入混乱。6个不满5岁的幼儿和一名老师被砍身亡，26个在场的家长和学生被砍伤送往医院。

警察经过调查，很快锁定了犯罪嫌疑人钱某，并在本市的一家小旅馆抓获了他。经过审讯得知，钱某是当地一家化工厂的员工，他对自己的杀人行为供认不讳，且毫无悔意。

警方经过整理，总结出钱某的杀人动机主要有三个：一、化工厂因为污染环境被查封，钱某失去工作成了无业游民。二、女友得知他没有工作之后跟他分了手，30岁的钱某成了单身汉。三、周围的邻居对他丢了工作又没了对象这件事情大肆讨论和嘲笑。之后，司法机关对钱某进行鉴定，得出结论：意识清醒，不存在精神问题。

在震惊之余也不禁感到疑惑，一个精神正常的成年人，为什么会做出这种事？根据他行为的无计划性、高度攻击性、事后无羞愧感，以及在社会上造成的不良影响，结合上述关于自我、本我、超我的分析，我们不难发现，在钱某身上，"本我"发挥着最大的作用，因为他完全是按照自己下意识的想法去活动的，而"自我"和"超我"几乎没有对他的行为起到相关的约束作用，所以他极有可能是反社会性人格障碍（又称无情型人格障碍）患者。也就是说，他是一个人格上有障碍的年轻人。

古时候，有个年轻人是江南的一个大户人家的儿子，他从小就有一个武侠梦，经常拿着棍棒"行侠仗义"因为莽撞，得罪了不少人。他的家人没办法，便答应他会让他拜师学艺。本以为事情就这样平息了，哪知他的父母只是为了暂时安抚他，实际上是想让他学习生意经，早日继承家业。他知道家人的骗局后，十分失望，竟带着自己之前认识的几个小兄弟，组成了一个帮派，整天打打杀杀，最后被乱棍打死了。

拿着棍棒"行侠仗义"其实就是年轻人的"本我",他渴望成为武人,讨厌生意经。如果他的家人在第一次软化他之后,能够顺应他的"本我",给他实现梦想的机会,那么他的"本我"尚可接受"自我"的约束,会做一个孝顺的儿子,毕竟他的本质是不坏的,他只是不喜欢父母安排的生活而已。于是,年轻人由"本我"向"自我"转化的一个最佳的机会就这样在父母的约束中断送了。最后年轻的"本我"被无限膨胀,害了自己。

可见,人的本我、自我与超我其实在人的人格结构中是互相约束、互相配合的,只有这三个"我"和平相处,保持平衡,人才能健康成长。而当这三个"我"互相吵架的时候,人就会对自己产生怀疑"这是真的我吗?""能做,不能做?"或因为自己某个突然冒出来的丑恶念头而感到惶恐不安,这种情况持续时间长了,冲突越来越重,就会导致人的内心失衡以及精神上的问题。

小贴士

本我、自我、超我三者互相制衡,人才能健康成长。这就要求我们在生活中一定要时刻保持头脑清醒,千万不可让"本我"占据上风,而导致自己被欲望侵蚀,受欲望支配,要时刻提醒自己,用道德约束自己,用理想激励自己,变得更好。

打造专属于你的个性

性格指的是人表现出的对现实的态度和相应的行为方式中的比较稳定的、具有核心意义的个性心理特征,是一种与社会相关最密切的人格特征。性格中包含有许多社会道德含义，它表现了人们对现实和周围世界的态度，并体现在他的行为举止中，如对自己、对别人、对事物的态度和所采取的言行上。

人的性格类型是遗传的，但每个人都有自己独特的遭遇，即使在成年之后，每个人的经历也各有千秋。人的性格会因为后天的境遇而发生一定的变化，比如情感上的创伤、人生的变故、巨大的恐惧都会使一个人的行为和举止发生变化，但并不会使一个人的性格类型彻底地发生改变。人的性格各有差异也正是这个原因。

一个性格内向的人偶尔也会有活泼好动的时候，但这并不能改变他内向的本质；一个性格外向的人也难免会有陷入忧郁的时候，但外向仍旧是他最主要的性格类型。同时，性格是每个人的本性流露，不以个人意志为转移，无法掩饰、无法伪装，更是无法捏造的。

可以说，与生俱来的性格，随时随地都在对我们的生活产生着巨大的影响。擅长控制自己性格的人常常左右逢源，如鱼得水。同样，不擅长利用性格的人则会引发许多冲突与矛盾，闹得周围鸡犬不宁。

钱熙是一个即将面临中考的初三女生，最近一段时间她一直十分苦恼，因为总是在无意中就得罪了身边的朋友，现在都没有几个愿意和她说话的人了。导致这个结果的一个重要原因就是钱熙十分没有耐性，不管什么事情，只要令她不满意她便急躁起来了。例如，轮到她所在的小组打扫卫生的时候，只要有一个人动作慢了，她就会大发脾气，责骂别人。

钱熙焦躁的个性从她生活的一些小细节中也不难看出来：钱熙的父母是生意人，她上小学的时候，父母的生意刚刚起步，所以起早贪黑，忙得根本没有时间帮她打理日常生活。钱熙只能自己给自己梳头，因为着急，梳头发的时候只要有一缕没有扎上去，她都会急得一把拽下来。钱熙是班里的学习委员，免不了会有同学跑过来问她问题，要是讲解一两遍同学还是不明白，钱熙便会急得不行："这么简单，你怎么就是不明白呢？上课干吗去了？"这话一出，哪个同学会开心？其实钱熙也后悔过，但是一遇到事，她就又急躁起来了。

从以上的例子中我们可以分析出，钱熙是一个性情十分急躁、易怒的人。这一类性格的人，做事的时候往往都是急功近利、不计后果的。如果做事的时候遇到了问题，也只会想着"快刀斩乱麻"，一下子把问题解决掉，而不会想先冷静下来，再周详地处理。他们还会因为性格急躁而心神不宁，生活中经常会陷入惴惴不安的幻想中。

对于像钱熙这种性格的人，作为他们的朋友，我们应该有意识地引导他们认识到自己性格上的缺点，并安抚他们潜在的急躁情绪。例如，采取放松的训练，使他们处于一个非常安静的环境，然后引导他们做一些简单刻板的动作，如用大拇指与其他手指重复接触；或把注意力集中到一个单调的声音上，如钟的嘀嗒声等，从而使他们达到入静、精神松弛、随意控制自己的心理活动的境界。

马斯洛曾说过："你的心若改变，态度则会改变，态度改变则习惯改变，习惯改变则性格改变，性格改变则人生改变。"这句话的通俗意思就是性格决定命运，每个人只有对自己有一个正确的认识，对自己的性格潜质有充分的了解，把自己的个性优势激发出来，并控制好性格上的弱点，才能发现自身独有的天赋和优势，塑造健全的性格，进而成为掌握自己命运的主人，实现伟大的人生理想。

小贴士

每个人都有独属于自己的个性，它让我们与他人有所区别，也成为我们的标签。好的个性能让我们在与他人交往的时候一帆风顺，做事的时候一切顺利，而坏的个性则会让我们在人际交往中举步维艰、遭人责难。要想在社会中立足，就要不断完善自己的个性。

确立你想要的自尊

　　心理学上的自尊，跟我们通常所讲的自尊心是不一样的。它是自我评价的一部分，属于自我系统中的情感成分，指的是个人对自我价值和自我能力的情感体验，自尊包括我们对自己是否认为自己的成功是有价值的，是否认为自己有值得骄傲的地方，是否对自己本身持积极、肯定的态度。

　　一个人人格成熟的重要标志就是拥有自尊。那么，怎样做才能拥有自尊呢？我们的自尊水平会随着我们体验成功或者受到表扬而上升。高自尊的人一般都具有令人满意的人际关系，并且能够肯定自己的整体价值，因而自我认可程度很高。高自尊的人想要做什么都会积极付诸行动，并竭尽全力把事情做到最好，所以他们取得成功的机会很大。人们为了保持自己已经拥有的自尊，经常会用到一些策略，其中最为常用的一种就是"自我障碍策略"，它指的是人们预料到自己可能会失败，所以提前设置好障碍，为自己的失败找到解释的原因的行为。使用这种策略，如果失败了，就可以使得他人不把失败归结于自己缺乏能力；如果成功了，就更能做出能力的归因。

　　李浩在考试前就已经预料到自己可能考不好了，为了避免别人说他是笨蛋，他干脆运用"自我障碍策略"。在考试前一周他刚好胃有点不舒服，这时家里人打电话来告诉他姥爷住院了。他把这些事情都一一告诉了同学，说这些事情直接扰乱了他的复习计划，也让他没有心思好好复习了，并预测自己这次考试一定不会考好了。这样一来，等到考试结束，如果李浩考得不好，大家也不会觉得是他笨而会归咎于这些外在的原因。如果他这次考得还不错，同学们就更有理由把成功归结于他的能力和他的聪明了。

　　当然，相较"自我障碍策略"，心理学家詹姆斯在《心理学原理》中提出的一个经典公式：自尊＝成功/抱负，则是一种更高明的保持、提高自尊的办法。

从这个公式可以看出，分母"抱负"越小，也就是期望越小，信心就会越大，自尊也就越大。人如果越来越自信，那么做事情的时候也会越来越有信心，人的自尊指数也会越来越高。换个说法，就是自尊不仅是以成功来衡量的，它还与每个人期望值和目标的大小息息相关。因此，完全可以通过减小期望值来提高自尊水平。

因此，我们可以试着尽量把心中的那份期盼放下，从把生活、工作中的小事情处理好开始做起，在每一个小小的任务中享受成功的喜悦，并在完成任务的过程中不断地积累经验、学习技巧，逐步提高自己的能力，以便日后获得更大的成功。

王琴今年24岁，长得很漂亮，从播音专业毕业后，她就一直发奋要做中国最有名的主持人，这也是她从小到大一直想做的事。

王琴绝对称得上是他们那届毕业生中最拼的，除了毕业之后还一直坚持每天早上吊嗓子外，她还专门请了老师，教自己搭配、走路增加气质，可以说是金钱和时间一样都没耽搁。可是王琴中间参加了三场电视台的面试了，都以失败告终了，面试官觉得她的气质和新闻不符。一次还好，次数多了，王琴开始失去信心了，到最后，只要面对面试官，她就很紧张。

老师了解了她的面试情况之后，便约她细谈了一次。老师说："你知道是什么阻碍了你吗？不是你的天分，也不是外在条件，而是你的目标。你的目标太大，反而成了阻碍你前进的压力。你现在最需要的不是进最大的电视台，而是不管平台，先站上主持台。"

王琴听了老师的建议，这次她的目标仅仅是站在主持台上，很快机会便来了，一家电视台的面试官觉得她虽然不适合新闻主播，但是给她推荐了一个美妆节目，虽然只是助理主持，但是因为王琴对穿着打扮有很独到的见解，她在节目里穿的衣服很受观众追捧，渐渐便有了一些固定的粉丝。王琴很开心，工作也越来越有劲，一年不到，她便因为表现优秀成了正式的主持人。

生活中，大多数人之所以过得很平庸，并不是因为他们本身条件不好，而是因为他们对自身期望过高，而这些期望本身就是不切实际的。这一类人心里想的永远是怎么一步登天，无法脚踏实地地做实事，一旦事情失败，就只想着怎么尽快翻盘证明自己的能力。可以说他们过分地自卑又过分地自大，"心比天高，命比纸薄"说的就是他们。归根到底，就是因为他们对自己不切实际的期望。

回到现实生活中，其实只要我们不对生活和工作有不切实际的期望，那么，哪怕是一个小小的成功，也能让我们获得满足感，而在一次次成功中，我们的自尊也会不断地增长起来，这样，我们在生活和工作中也会拥有巨大的自信和勇气。

小贴士

不对自己期望过高并不是不报期望，而是在确定理想时，多切合实际。"不积跬步，无以至千里。不积小流，无以成江海。"生活中，哪怕你每次的进步再小，但只要你一直在保持进步，那么就是值得喜悦的。

扮演好你的每一个社会角色

常言道，人生如戏，戏如人生。如果把社会看作一个大舞台，那么我们每个人都是在这个舞台上扮演着自己角色的演员，做着每个角色分内的事。"角色"这一概念一开始只是指戏剧舞台上演员所扮演的剧中人物及其行为模式，是戏剧中的一个专有名词，后来，社会学家们在社会互动进行分析的过程中了解到，社会舞台与戏剧舞台其实是有类似之处的，便把戏剧中的"角色"概念借用到了社会心理学和社会学中，"社会角色"的概念也因此诞生了。

社会角色指的是与人们的某种社会地位、身份相一致的一整套权利、义务的规范与行为模式，它代表的是人们对具有特定身份的人的行为期望，它是构成社会群体或组织的基础。只要是社会成员，就会扮演着某种社会角色。当一个人具备了充当某种角色的条件去担任这一角色，并且活动时按照这一角色所要求的行为规范来做，这就是社会角色的扮演。

谢小美没出她们村之前，一直被她们那个小村子封为"村花"。18岁这一年，她离开村子，在市里一家酒店找到了一份前台的工作。

前台工作很特殊，每天都要和各种各样的人打交道。谢小美自以为长得漂亮，经常在男客户面前搔首弄姿，而且很喜欢仗着好色的男客服经理的喜欢，给她的领班脸色看。有时候还会越过领班直接去客服经理那告状。

好景不常，新工作还不到两个月，领班就受不了她，安排她直接去打扫厕所了。谢小美不服气，但是她又做不了别的，而且她知道自己这是因为越级得罪人了。

其实谢小美之所以最后自食恶果去打扫厕所就是因为她犯了一个非常严重的错误，那就是"越位"，没有找对在职场上适合自己的角色。在职场上我们就是一名应该服从上级安排的员工，不管我们在生活中是什么角色，都不能带到工作中来，该尊重的上级还是必须得尊重。

在这个复杂的社会生活体系中，每个人扮演着多种社会角色，也是多种社会角色的集合体。我们把这种多种社会角色集于一身的情况，称为"角色集"。事实上，每个人都是一个角色集。而且在不同的时间，不同的环境中，我们扮演的角色也会有所不同。这也就要求我们在社会交往中，演绎自己的社会角色时不能太过简单和随意，而是要自觉地按照每种社会角色的特定模式，即社会对该角色的特殊要求去做。否则，在我们扮演角色的过程中，角色就会产生矛盾、障碍，甚至遭遇失败，这就是角色失调。

一次，英国的维多利亚女王和丈夫吵架，丈夫赌气，直接回卧室把房门锁上了。女王发完火后便后悔了，只好敲门。

"你是谁？"

"女王！"维多利亚想也没想，立刻回答。

丈夫没有开门，也没理她，又问了一遍："你是谁？"

女王有些生气地答道："维多利亚。"

丈夫还是不出声也不开门，女王无奈，只好再次敲门。

丈夫这时仍旧只是问："谁？"

女王终于明白了，温柔地说："我是你的妻子，亲爱的。"

这次丈夫开门了。

在外人面前，女王是一国之君，这无可厚非，但是回归到生活中，在丈夫面前，她只是妻子，和丈夫的地位是平等的。如果她在丈夫面前也一直都以女王的身份自居，那不管是谁做他的丈夫，都是忍受不了的。所以，为了避免发生冲突和矛盾，我们要善于在环境变换的过程中，灵活地转换自己的社会角色

小贴士

随着环境的改变，我们每个人扮演的"角色"也会跟着改变，这是必然的，因为我们接触的人，我们的身份也随之改变了。为了让自己的"角色"不发生冲突，我们必须明白，在每一个角色里，我们的责任和我们的位置。

永远保持快乐的心态，做生活的主人

生活对每个人都是公平的，没有谁的生活会永远充满阳光。很多时候，并不是命运出了差错，而是你的心态出现了偏差，你看待问题的方式和对待问题的态度出现了偏差。很久之前，人们就发现，最有钱的和最有权势的人并不一定是一个快乐的人，真正快乐的人其实是那些明白人生真谛的人。因为他们知道美好的事物并不是因为知道自己要消失，所以才存在的，而是因为它们要给人带去美好。快乐造就了他们乐观的心态，这种心态进而又带给了他们力量，而这种力量足以使他们改变命运，获得幸福。

有个教授对每个人都很好，见到谁都笑眯眯的，他的学生对他这种行为非常不理解："老师，为什么你每一天都可以面带笑容？"

他总是这样回答："因为我不想让自己感觉不快乐呀！"

成功人士一般都会展露一张笑脸，即使不是笑容满面，其内心的坦然与笑意也会自然流露出来，成为一个人表情的底色。

于是我们可以看到，那些成功的人大抵都是保持着心平气和、悠然自得的样子，很少有人表现出抱怨、急躁或者嫉恨等情绪，因为，他们可以掌握自己的命运，拥有纵横四海的能力，也有维持一个人个人尊严的必要权利。

作为一个社会人，不可能不和别人交际，也无法避免与他人比较各自的境遇，但是关键问题并非是否要比较，而是怎样比较。从心理上来说，快乐是对自己的一种热爱，亦是对别人的宽容。一个总是和自己作对的人，也很难放过他人，心灵上的伤疤很容易感染他人，映射进自己的人际关系中。

从这个角度来看，微笑不光是对自己负责，也是对他人负责，因为，微笑和其他一切情绪都是很有感染力的。重要的是，快乐能够造就一种心态，而这种心态可以产生一种力量，这种力量能够改变命运，获取幸福。一般是这种情况，一个人想要得到哪种幸福，都可以获得，因为这是渴望的心情产生的力量。

埃莉诺年轻的时候相貌非常普通，她经常感到自卑，从而变得很忧郁，但是罗斯福却不这样认为，在他眼中，埃莉诺是个秀外慧中的女孩，拥有自己特别的气质，罗斯福魔法般的话深深影响了埃莉诺。

从那以后埃莉诺就尝试将自己当成一个与众不同、身心愉悦的女孩，逐渐地，她身上展现出的快乐遮挡了忧郁，自信的光芒照亮了自卑的阴影，经过心理调整后的埃莉诺没过多久就展现出惊人的能量，成为美国历史上最有才华、最有气质，对美国社会最有影响的第一夫人。

既然有白天就一定会有黑夜，生活不可能永远洒满阳光，很多时候不是命运不公平，而是你的心态出了问题，你看待问题的方法与对待问题的态度出了问题。

生活中，我们经常会遇见一些人，他们看起来条件不差，但是却有各种各样的心理障碍，在一项调查中发现，接近90%的学生对自己的外表缺少自信，有所不满。

换言之，在现实生活中，大部分人都会低估了自己，也就是这样的低估，常常影响了人们的心态，从而使人与人之间的正常交往无法继续下去，也使快乐无法落在他们的身上。

斯宾诺莎曾这样说过：“快乐并非美德的报酬，而是美德本身。”

从某种层面上讲，快乐自身就是一种美德，是对自己的美德，亦是一种对别人的美德。

很多人都喜欢阿庆嫂，却很少人会喜欢祥林嫂，这是因为，我们可以有不善待自己的自由，但是却没有改变他人心情的权利，虽然大家嘴上不说，但是在潜意识里，很少有人会喜欢他人影响自己的心情。

小贴士

从本质上说，快乐是一种心理习惯，是一种无条件的心理感受。一般说来，养成快乐的习惯，你就会变成一个主人而不再是一个奴隶，快乐的习惯使一个人至少在很大程度上，不受外在条件的支配。"主人和奴隶"，哪个更有力量，显然是不言自明的。

找出你的性格缺陷，勇敢去冒险

试想一下，此时此刻，突然有个人来告诉你，你上周在超市抽奖时的数字获得了终极大奖——一次免费去珠穆朗玛峰冒险的机会，你会兴奋得尖叫吗？

如果现在又来人跟你说：你这次去珠穆朗玛峰其实是有任务在身的，你需要为此次的衣食住行做充分的准备，而且需要时刻记录你的见闻，回家后需要与网友分享你的观点。这时你的想法又是什么呢？是新奇还是开心，抑或是觉得忽然有了压力呢？

如果这个人接下来又告诉你，在这次冒险中，你不需要准备任何东西，而且每天都有美不胜收的风景可以欣赏。唯一需要你操心的就是，你得自己背上一瓶氧气罐，因为珠穆朗玛峰上氧气稀薄，需要自备氧气罐，保证自己的安全。此时，你是迫切地想去看美景，还是因为可能会发生的危险而心生退却，想放弃冒险了呢？

最后，这个人告诉你，同行的人会保证你的安全，而且食物和设备也会给你准备好，但是有个条件就是你得在当地当三年的支教老师，三年之后才能回来。这时你又是怎么想的呢？是会为这三年与亲人分别的寂寞旅程担忧，还是会为自己没法接受这个条件而不得不放弃冒险感到可惜？

条件发生变化之后，你的心情又发生了怎样的改变呢？你最终会作出什么决定呢？你是否会不考虑不断变化的客观条件，毫不犹豫地选择珍惜这次难得的机会？还是你觉得有些条件实在不能同意，所以果断选择放弃这个机会？其实，你作什么选择并不是最核心的问题，你最应该弄明白的是——是什么让你放弃冒险。

西方现代经济学家约·凯恩斯曾说过："习惯形成性格，性格决定命运。"我们的性格决定我们拥有怎样的人生。

性格本身没有好坏，只有当我们把它和目标挂钩的时候才有好坏之分。中国有句古话叫"成也萧何，败也萧何"，套用过来，就是性格可以是动力，也可以是阻力。

而我们可以选择的，就是正面地运用自己的性格。一个人的性格不仅对他的人生轨迹产生重大的影响，而且还影响着他生活的方方面面。毛佛鲁曾说："一个人失败的原因，在于本身性格的缺点，与环境无关。"性格中的优点会为你带来很多幸运和机遇，同时，性格中的缺陷也会给工作和生活带来麻烦。

刘恒是国家重点工科大学的硕士，毕业后直接被分配到一所研究所工作，如今收入稳定、工作也十分轻松，是许多朋友羡慕的对象。但是，刘恒过得一点都不开心。其实在专业上，刘恒绝对称得上名副其实的精英，但刘恒天生软弱的性格，给他的工作发展造成了很大的阻碍，让他在研究所的工作一直没有受到重视。

研究所所有的技术人员每周都会一起开会讨论研究技术和方向，本来刘恒已经做了大量的准备，观点也绝对经得起推敲，能够直接指向研究的重点，让研究所的同事刮目相看。但是一旦辩论起来，只要其他同事态度比较强势，刘恒就特别担心自己会得罪同事，慢慢地他也不再坚持自己的观点，态度也软化了，结果就是他不断向同事妥协。事后再想起来的时候，他又会特别生气自己的软弱，对自己不能像其他同事那样坚持自己的立场感到后悔。时间久了，研究所里一些技术没他好的研究员都升职做了组长，有了自己单独的办公室，而刘恒却一直停在原地。

另外，刘恒对周围的事情也总是过分敏感，总是很担心别人对自己的看法。一次，他在研究所的研究室休息，正好妈妈打电话来了，就跟她聊起了家常，这时正好有几个同事也进来休息，刘恒怕打扰别人便匆匆挂了电话。同事见他们一进来，刘恒立刻就进来了，也觉得很奇怪，私下都说："刘恒是个很奇怪的人，老是一个人神神秘秘的。"他听在心里，虽然觉得很委屈，却又不好意思上前反驳。时间一久，刘恒和大家的关系更疏远了，刘恒想找他们交流，却又怕被人觉得自己是故意接近他们，对他产生了新的看法。

刘恒的性格软弱和过分敏感其实就是性格缺陷中的无力和不适应。患有这种性格缺陷的人常常感到精力不足，情绪也总是处在忧郁的状态。因为精神压力和意志软弱的双重折磨，他们适应人际关系和社会环境的能力都比较弱，一旦进入了不良的心理环境（例如，身边的人对自己不信任，陷入信任危机），就特别容易发生不良行为。

不过，性格缺陷并不是一直存在、不可克服的。自省法就是一个效果很不错的方法。每天睡觉之前，通过写日记或者睡前回忆的方法，回顾一遍一天中自己做的所有事情和看到的所有场景，进行自我反思。在找到自身的性格缺陷之后，可以通过与他人的互动来纠正。在与他人交流的过程中，可以通过与他人的性格特点进行对比，然后对自己的性格逐渐改善。

小贴士

没有谁的性格是完美的，谁都有或多或少的性格缺陷。它是每个人在自我成长的过程中都可能会出现的问题，是很正常的事情，我们应该正视性格缺陷的存在，积极地去纠正它，不断完善自己的性格，而不是放任它自由发展，或是躲避它，让它继续影响我们的生活。

🔒━🔑 人生的终极命题：活着是为了什么呢

你为了什么活着呢？

不同的人会有不同的答案，有的人这样认为："我从未思考过这个问题，但是我觉得，既然活着就要好好活着。因为人一旦死了，就什么都没有了。"

有的人会这样说："因为我不敢死，虽然我就像时间齿轮上一小块微不足道的铁屑，生活很悲催，却依然要重复着。"

有的人思考比较积极，会说："为了我追求的理想，为了我的未来，为了我心中的信念。"

也有人会考虑自身的责任，说："为了我的家人，为了扛起社会的责任。""因为心中有想做的事，有想保护的人，也有关心的东西，我正是为了这些事情而活！"也有人会对这个意见提出反驳："这种问题太走形式主义了，要是你想猜测他人对生活的态度，完全没有必要拿这种连哲学家都不能回答的问题！"

人们的成长环境不同，身处生命不同的阶段，对自我人生有不同要求，其给出的答案都大不相同。但是关于这个问题，依然没有令人满意的答案。

有个商人坐在海边的小码头上，发现有一个渔夫划着他的小船靠岸了。渔夫的船上，有几条相当昂贵的鱼。商人先对渔夫的收获进行了一番恭维，然后问道："每天你都要花费多久来抓这些鱼呢？"

渔夫回答道："不需要多长时间，一会儿就可以抓到。"

商人又问道："那为什么你要这么早回来，你完全可以多待一会儿，多抓几条鱼啊。"

渔夫不以为意地瞥了商人一眼："对我来说，这些就可以了。"

商人跟着上岸的渔夫出了码头，又问道："那你一整天岂不是有很多空闲时间，剩下那些时间你都会做些什么呢？"

渔夫笑着回答道："每天睡到自然醒后，我就会出海抓几条鱼回来，之后就是陪我的孩子们一起玩耍，接着睡个午觉。等到傍晚时分，我会去村子里喝点小酒，与朋友们一起弹弹吉他。"

渔夫正准备为自己忙碌而又充实的一天感到自豪时，商人却说道："我有一个可以改变你命运的好建议。你每天出海捕鱼的时候可以多抓一些回来，这样你就能多攒一点钱换一条大点的渔船。等你抓到更多的鱼，攒够更多的钱，就能购买更多的渔船，然后拥有自己的捕鱼队。等到那时候，你就不需要把鱼卖给码头的鱼贩子了，可以直接销售给加工厂，这样可以获得更多的利润，有了这些钱，你就可以开一家罐头工厂。如此一来，便可以从生产、加工到销售控制整个行业，这样你就能离开这个渔村，搬到像纽约那种的大城市里居住。"

渔夫困惑地问道："那之后我该做什么呢？"

商人继续为他筹划道："等你到了纽约，就可以让自己的公司上市，然后把公司的股份卖给投资人，等到那时候，你就高枕无忧啦。找一个靠海的渔村度假，每天可以睡到自然醒，然后出海抓几条鱼，接着陪孩子们玩耍，再睡一个午觉。等到傍晚的时候，还能去酒吧喝喝小酒，和朋友弹弹吉他。"

渔夫盯着商人，莫名其妙地笑着问道："可是现在的我不就过着这样的生活吗？"

渔夫对待自己的生活，充分诠释了那句话："走自己的路，让别人说去吧！"商人很明白自己为什么而活，是为了利益，为了金钱，等到名利双收以后再选择功成身退，而渔夫更享受此刻的惬意与自由，随性而活，悠然自得。

余华的《活着》一书中有这样一段关于"人为什么活着"的解释："人是为活着本身而活着的，而不是为了活着之外的任何事物所活着。"这句读看起来很抽象，无法给人以确切的答案。但是，随着时间的变迁，我们就会慢慢理解句子中的深意。也许，活着的目的就只是活着而已，是一种顺其自然的现象，我们无须为了"活着"这件事找一个确定的理由。因为，这是一个已经存在的事实。就像月亮为何阴晴圆缺，庄稼为何生长一样，如果可以在这一场早已定好的生命旅程中做一番惊天动地的大事业，自然是一种幸运的赏赐，但是，轻松惬意地活一生也不失为一个不错的选择。

小贴士

　　你为什么而活？这个人类永恒的命题，也许永远不会有标准答案。因为对每个人来说，活着的意义都是不同的。不管你是为了信仰而活还是为了理想而活，抑或为了家人和爱你的人，只要你把每一天都过得有意义，那就是最有价值的活着了。

心理学与个性：命运的秘密，潜藏在未知本性里

心理需求是每个人天生就具有的，而且很多时候，有些心理需求几乎是每个人都有的。了解这些心理需求，在人际交往的过程中，多多注意对方的这些心理需求，不仅可以拉近我们与他人的距离，还可以让我们获得别人的信任。因此，学习一些洞悉人性的心理策略，对我们的人际交往是十分有必要的。

维护好对方的自尊心很重要

大家都明白，人和动物之所以不一样，最重要的就是人有自尊心，而动物没有自尊心。每一个人都拥有自尊，不管这个人是个孩子还是个成年人，不管这人有文化还是没读过书，不管是普通人还是当官，不管是在古代还是在现代……自尊心没有任何不一样。

在现实生活里，人们最害怕的就是自己的自尊心被伤害，伤害自尊心比伤害肉体更痛，受伤期更久。"自尊心受到伤害"所发挥的反作用力，一般也是非常大的，有时甚至是毁灭性的，灾难性的。

之前网上曾出过这么一个新闻，一个年仅5岁的孩子周末在家午休完，起来喝了一杯牛奶，结果牛奶有毒被毒死了。一家人伤心欲绝，孩子的奶奶黄大妈十分后悔自己的大意，她怎么也想不到会遭此厄运。

警察连夜展开调查，结果令人震惊，凶手竟是邻居胡大妈。两家原本是很和睦的邻居，但是自从黄大妈把自己的孙子接到这边上学后，事情就完全变了。黄大妈的孙子小华长得十分可爱，而且学习成绩也不错，又很爱干净，所以街坊邻居见了都免不了夸几句，而且大人总爱拿小华和胡大妈的孙子小狸作比较。有一次，一个阿姨开玩笑说和小华一比，小狸简直就是个小乞丐呀，哈哈哈哈哈……说着大家都笑了起来，但是胡大妈却觉得自己的自尊心受到了莫大的伤害。

案发当天早上，胡大妈正好撞见在门口写作业的小华，瞬间想到了平时因为这个孩子所受到的委屈和嘲笑，便偷偷把家里的老鼠药放进牛奶瓶，递给了小华，从而导致了悲剧的发生。

这是多么令人痛心的事情！行凶者固然可恨，然而这样的事情一旦发生，双方当事人所面对的结果只有两败俱伤。也许很多人都会问：这值得吗？但现实是残酷的，我们虽然都知道"不值得"，但很多人仍在犯这样的错误。

孟子有云："爱人者，人恒爱之；敬人者，人恒敬之。"事实上，这说的就是尊重别人的重要性。也就是说，一个人若是在和他人交往过程中，能够尊重并理解他人，那么，他必然能够得到他人的尊重和理解。

一个商人晚上和助理在街上散步的时候，看到路边有一个打扮得像乞丐的人正在向路人兜售手里的铅笔芯，看着十分可怜，便要助理给了他十美元，然后离开了。

但是没走几步，商人又和助理转回来了，商人拿了一盒铅笔芯说："刚才真不好意思，我太着急了，忘了拿我的铅笔芯。"商人说完还郑重其事地说了一句："你跟我一样，都是商人，加油，小伙子。"

一年之后，在一个商贾云集的聚会上，一位打扮入时、风度翩翩的年轻人激动地握住商人的手说："您可能不记得我了，但我却忘不了您，要不是您对我的鼓励，给了我自尊和自信，我可能还把自己当成推销铅笔的乞丐，而不会成为今天这个小有成就的商人。"在座的人听了年轻人说的话，都不由自主地鼓起了掌。

商人用自己对别人的尊重换来了别人对自己的尊重，我们应该从这个例子中得到启示。其实人与人的交往，就是一个"互相回报"的过程，我们想要获得什么，就必须付出什么。每个人都有自尊心，都不希望别人伤害我们的自尊心，同样地，我们也要善于尊重别人的自尊心。

诚然，在我们周围，总有许多人正在经历着各种不如意与人生的磨难，也有许多平庸之辈，或许他们智商不如我们，或许他们有许多缺点，然而，我们并不可因此就看不起这些人，因为，在这个世上，我们没有资格去瞧不起，忽视任何人的感受。一般情况下，即使我们心里再怎么不喜欢一个人，也不必让他发现，这并不是一种虚伪的行为，而是一种高明的做法。

进而言之，人的社会地位有高低之分，但是人格没有，人的灵魂高度有所差距，但是道德品质没有。没有一个人是完美无缺，尽善尽美的，我们也没资本用高山仰止的眼光看待别人，更没有资格对他人不屑一顾，嘲笑别人。即使他人在一些方面比不上我们，但是骄傲与不敬并不是我们伤害他人的方式。如果我们在一些方面不如他人，也没必要自卑或者嫉妒，以保全我们的自尊。

爱人者，人恒爱之。一个真正明白如何尊重他人的人，才会得到他人的尊重。因此，在日常交往中，一定要守住这样一条底线：维护他人的自尊，不要去伤害他们，不然，我们必然会失去自己的尊严。

小贴士

尊重是相互的，只有我们先尊重别人，才能得到别人的尊重。每个个体都是平等的，不管对方是谁，不管他生活得有多落魄，身体有怎样的缺陷，都不能成为我们嘲笑别人的理由，维护别人的自尊既是一种维护自己自尊的做法，也是一种有素养的表现。

满足对方的猎奇心理

在现实生活里，不难发现的是，大部分人对自己不知道的或新鲜古怪的东西总是充满了强烈的好奇心理，这就是心理学上所说的"猎奇心理"。猎奇心理，一般是指人们对于自己尚不知晓、不熟悉或者比较奇异的事物或观念等所表现出来的一种好奇感以及急于探求其奥秘或者答案的心理活动。

"猎奇心理"原本就是一种特别而奇怪的心理需要，它可以在无形中调动人们的积极性，致使人们做出一些探索性的行为。从某种层面上说，人类整个进化过程都离不开"猎奇心理"的推动力。正是由于人们强烈的猎奇心，人们才可以在和大自然的斗争里，不停探索，不断创新，不断进步，才获得现在灿烂辉煌的人类文明。

在人际交往的过程里，不论做什么，也不论和谁打交道，我们都无法忽视人们的"猎奇心理"，应该学会观察他人的这种心理，甚至可以说适当地去满足对方的这一心理，以提高自身的交际效率。

普洛奇是意大利的一位著名商人，他从13岁的时候就开始利用课余的时间在一家便利商店打工了。有一次，大概是在他上高中的时候，商店的老板给他安排了一个卖香蕉的任务，不过是一船因为受冻而发黑的香蕉。老板无可奈何地说："虽然这船香蕉吃起来口感并不差，但是因为受冻外皮发黑了，所以按原价卖出去肯定很难。现在香蕉的市场价是4磅25美分，这船香蕉我给你定的价是4磅18美分，要是不好卖，允许你自己调价。"

"没问题，老板，我一定完成任务！"普洛齐爽快地接受了老板的安排，但实际上，普洛齐直到当天晚上下班，仍旧没有想出什么好的销售方案来。晚上回家，他躺在床上，辗转反侧了一夜。

第二天普洛齐起了个大早，穿戴完毕，精神抖擞地出门了。昨天想了一晚上，最终他决定铤而走险、出奇制胜。

普洛齐来到商店，把香蕉全部搬到了商店的门口，便开始拿着大喇叭在门口吆喝："快来买巴西香蕉啊！又香又甜的巴西香蕉，香甜的巴西黑皮香蕉！既好吃又便宜，大家快来看呀！"

早市人本来就不少，听见他这么一吆喝，果然有很多人停了下来，大家都伸着脖子，好奇地想看个究竟。眼看着围上来的人越来越多，普洛齐又进一步解释道："这些看着有些古怪的香蕉产自巴西，这是第一次在意大利出售。老板为了打开销路，所以这批香蕉只以惊人的一磅10美分销售。"

虽然普洛齐的价格比老板定的价格高了许多，甚至比市场上的好香蕉还要贵，但普洛齐的销售业绩并没有受到影响，这船香蕉在很短的时间就被大家抢购一空了。

普洛奇之所以能把一大船受损的香蕉轻松地以高价卖出，正是因为他很好地利用了人们的"猎奇心理"。从公平交易的买卖原则来讲，普洛奇的行为显然不值得提倡，但是从人际关系的"心理操纵"上来讲，普洛奇的行为却非常值得我们借鉴。

上文已经表述过，"猎奇心理"是普遍的心理需要，存在每个人心中，既然是这样，在人际交往中，就无法忽视交际对象这种潜在的特别的心理需要，就应该学会观察他的这一心理甚至在合适的时间，满足对方一定的"猎奇心理"，这样做可以帮助我们消除交际对象的心灵堡垒，拉近彼此之间的距离，甚至帮助双方产生心理认同感，最终达成和谐友好的交际。

小贴士

猎奇心理虽然是一种很普遍的心理需要，但是我们在与他人交往时，也要把握一个度，尤其是关乎对方隐私的问题，如果表现得太过好奇，是会引起对方反感的。

每个人都渴望成为焦点

焦点效应，也被称为社会焦点效应，是人们高估了身边人对自己外表与行为关注度的一种表现。"焦点效应"即人们总喜欢把自己当成世界的中心，至少不愿意被人看低，常常在直觉上高估了他人对自己的注意程度。从另一层面来说，"焦点效应"反映的事实上是人们心中的某种心理需要，希望被他人关注的心理需要。这种心理非常普遍，基本上每个人生来就有这种需要。

在现实生活里，每个人身上都体验过"焦点效应"。例如，同学聚会时大家一起看集体的合影，每个人都能第一眼发现自己，并且非常注重自己的形象。和亲朋好友聊天时，基本上每个人都习惯将话题转到自己身上。不管是何种社交场合，基本上每个人都在想尽办法获得他人的注意，甚至成为现场焦点。总的来说，不管是什么样的情况，什么样的场合，人们总是希望自己被关注着，每一个人都认为自己就是焦点。

"焦点效应"可以为我们带来怎样的启示呢？一般认为，既然人们都有这种希望自己可以成为焦点的心理，那么，在人际交往中就无法忽视这一心理。

小易是一家对外贸易公司的员工，进公司三个月后，他的主管决定带着他一起去和新客户赵经理谈业务。到了目的地，赵经理十分热情地接待了他们。三人坐下后，小易觉得这次机会难得，想着一定要好好表现，于是迫不及待地开始向赵经理推销起自己的产品来。这其实也是小易认真做了功课的，他知道自己最擅长的就是推荐这个部分，因为自己口才还不错。

小易从产品的外观到性能再到操作方法详细进行了介绍，尤其是他觉得性能是产品最吸引人的地方，更是着重进行了介绍。小易滔滔不绝地介绍了三十分钟，以至于完全没注意到赵经理几次欲言又止的表情。

小易对自己的介绍十分满意，觉得这单生意肯定没问题了。但是令他失望的是，赵经理并没有给他们很明确的答复。

案例中，小易之所以会在这场本来稳操胜券的谈判中功败垂成，就是因为他太强势了，没有学会洞察对方的心理需求。小易的这次失败的经历值得我们每一个人深思。

为了人际关系的和谐，提高交际效率，提升交际能力，我们需要观察在不同场合中人们的"焦点心理"，甚至尝试着适当地满足交际对象的"焦点心理"。如果我们在交际过程中过于在乎自己的心理感受，不顾及他人希望得到重视的"焦点心理"，就很可能遭遇人际交往的麻烦。

事实上，不只是有身份的人渴望得到重视，想要成为现场的焦点，一个普通人，其心中也有想要被重视的渴望，也希望自己可以在任何场合中成为万众瞩目的对象，至少不被他人看低。因此，在和人交往中，学会观察别人的"焦点心理"非常重要，给予对方足够的关注，有时多让他人成为"焦点"，这样才方便拉近彼此心灵的距离，从而提高交际能力。

小贴士

满足对方想成为"焦点"的心理，可以拉近彼此的距离。但是如果是针对我们自己，则应该尽量打消这种念头。"枪打出头鸟"，与人交往时，锋芒毕露不仅不利于与他人平等的交流，甚至还会引起对方的反感。

巧妙利用对手的虚荣心

虚荣心指的是人们对于虚荣的一种渴望心理，这是人类天性中的一部分，是一种普遍的心理状态。纵观古今中外，不论男女老少，贫穷富有，都会产生虚荣心。从本质来讲，虚荣是一种扭曲的自尊心，是自尊心过分的表现，是追逐虚荣的一种性格缺陷，是人们为获得荣誉或者想要引起他人注意而表现出的一种非正常的社会情感。

通过弗洛伊德的理论，人类的虚荣心是天生就具有的，是随着我们的出生而产生的。既然每个人都有这种心理，那么在人际交往中就不能忽略了对方的虚荣心。因此，在和人交往的过程里，我们需要学会观察对方的虚荣心理，也要懂得寻找机会满足对方的虚荣心，如此一来，我们才可以在交往过程中更加顺利。

事实证明，人际交往过程中，若是我们可以抓住合适的机会适度满足交往对象的虚荣心，那么，在交际过程中，我们将会顺风顺水，免去许多麻烦。

张小五是一家文具公司新招的推销员，一天，经理给他们一班推销员开会说，现在我们有一个很大的潜在客户——本市新开的一家建材公司。因为刚开业，所以这家公司的办公用品现在还没有供应商。这家公司的老板姓张，是个暴发户，可能还不理解我们的这些产品，但是因为这家公司规模大，所以仍旧是所有供应商争抢的对象。所有的推销员都觉得这是块难啃的骨头，支支吾吾，最后张小五临危受命，接受了这个任务。

张小五到了对方公司后，观察了一下它们的装修风格，心里想，的确有暴发户的范儿，尤其是老板的办公室，到处都摆放着古董。张小五什么也没说，进了办公室，见老板正在写字，便和老板聊起了字画，老板见他对字画很有见地，便让他看看他墙上挂的一幅字怎么样。小五看了看十分惊喜地说："笔锋流畅、手笔有力，好字啊，不知是哪位大家的？"

老板听后喜笑颜开，说是自己写的。

小五又是一阵惊喜，说："没想到张老板不只生意做得好，字也写得这么好。"一番恭维下来，张老板越发高兴了，所以当小五跟他说明此行目的后，张老板什么也没说，很爽快地就签了三年的合同。

张小五是如何说服张老板和自己成功签下订单的呢？很明显，这次成功的推销完全得益于小五对张老板的那一番夸奖和赞赏。也许，张小五对张老板的那一番恭维只是表面上的客套话，但是这一番话却正好说到了张老板的心坎上，满足了张老板这个建材公司大老板的虚荣心理，以至于张老板心情舒坦，最终促成了签约。

总之，每个人都有虚荣心，有虚荣就需要被奉承。没有人不喜欢被别人奉承，世界上最令人愉悦的就是奉承了。因此，在人际交往中，我们要选择在合适的场合适度说一些奉承话，以满足交际对象心理上的"虚荣需求"，以保证我们的人际关系更加和谐，可以得心应手地与各类不同性格的人打交道。

小贴士

在交际过程中满足对方的虚荣心可以给我们提供更多帮助，但是我们也要警惕他人的奉承话，以免被其冲昏了头脑，陷入虚荣之中无法自拔，对自己失去了正确认知，最终酿成大错。

交友应建立在平等相待的基础上

人们常常都有这样的心理：应该从别人那里得到等价的对待。也就是说，我们怎么对待别人，也希望别人同样对待我们，如果对方无法用我们对待他们的方式对待我们，就会认为这是不平等的。这样奇怪的心理每个人都会有，在心理学中，我们称之为"应该效应"。

在日常生活中，我们经常听到别人这样抱怨：

"这个人真抠门，我对他那么大方，他却和我锱铢必较！"

"你怎么可以这样，我对你这么好，为什么你从来不对我好呢？"

"她不应该这样对我啊，我对她多好啊！"

"他和我借东西的时候，我从来没有迟疑过，总是非常爽快地借给他，没想到我现在要和他借东西了，他却总是找各种借口搪塞我。"

……

说实话，我们身边充斥了许多这样的声音，这就是"应该效应"在我们生活里留下的痕迹。"应该效应"带给我们这样的启示：在交际过程中，一定要清晰地发现对方的这种心理，通过一定的方式去满足对方，或者用对方对待我们的方式来对待别人，不让对方在心理上产生落差。

四喜和胡鹏原本是非常要好的朋友，他们从小在一个大院里长大，简直情同手足。然而最近一段时间，两个人因为一些小误会，关系发生了变化。

上个月，四喜想买车，但是自己手上的钱不够，因此想向胡鹏借一笔钱。让胡鹏为难的是，自己确实有一笔存款，但是这笔存款是准备买房用的，目前正在到处看房子，一旦看好房子马上就要用钱。胡鹏还认为，四喜虽然是自己从小一起长大的好朋友，但是朋友之间"救急不救穷"，这笔钱不能借，于是婉转地拒绝了四喜的请求。从没发现胡鹏还是这么抠门的一个人。再说了，我是怎么对他的！他办婚礼的时候，钱不够用，不是从我这里借的吗？当时我可是二话没说就把积蓄全都拿出来了啊，做人可不能忘恩负义！四喜心里很生气，但是脸上并没有表现出来。

胡鹏也明显感觉到了四喜的不满，但是他也很无奈。

自从这件事情以后，四喜和胡鹏之间的关系就发生了一些微妙的变化，两个人原来还隔三岔五地聚一聚，但是，因为这件事，他们两个人一直到现在还没有见过一次面。

相信每个人在现实生活里都遭遇过这种经历。事实上，我们之所以会遇到这种情形，就是因为没有发现人们心中存在的"应该心理"，或者是小瞧了"应该心理"对人们交际的作用。就像前面所讲的，"应该心理"是人们与生俱来的，每个人都希望对方可以用自己对待别人的方式得到同样的对待，如果这种想法没有实现，心里就会不舒服，随之就是人际关系受到损害，甚至出现大的矛盾，或者恶语相向。

因此，在日常交往过程中，我们一定要重视人们心中普遍存在的"应该心理"，不失时机地发现交往对象的这一心理，并且采取相应措施，及时满足对方的要求，即使当时无法满足，事后也要尽快采取补救措施，不能让对方的心理天平失去平衡。若是可以做到这点，就可以免去很多不必要的交往麻烦，可以轻松应对许多无中生有的交往误解，处理人际矛盾时更加得心应手。

小贴士

世界上没有一味地付出，也没有一味地享受，一个只懂得享受不懂得付出的人是一个自私的人，因此不要认为朋友的"应该心理"是斤斤计较的表现，有时候，适度地大方一点，反而可以获得更加愉悦的交际氛围。

把对方的排斥心理打破

排斥心理，顾名思义，指的就是人们对于自身以外的人或事物保持不接受甚至排斥的心理状态。这是一种人生来就有的心理状态，特别是面对陌生人、自己讨厌的人、竞争对象或者仇人的时候，人们的排斥心理就会表现得更为强烈。

一般来说，许多人没有意识到自我的排斥心理，事实上，就算是那些非常擅长交际的人，那些在人们眼里有好人缘的人，他们的心中也有排斥心理，只不过对于不同的人，其排斥的程度不同罢了。我们可以这样问自己，不管是什么样的人，都可以完全而绝对地接纳对方的一切吗？相信面对这个问题时，许多人的答案都是否定的。是的，不管是谁，心中都有一些排斥他人的心理存在，只不过对于亲近的人，他们的排斥程度会小一些，大部分都被自己忽视了，但是对于陌生人、自己讨厌的人、竞争对手或者仇人等，我们的排斥程度就会非常强烈，甚至会因此激起矛盾。

在人际交往中，我们虽然无法忽视自己的排斥心理，但却要洞察他人的排斥心理，只有学会观察他人的排斥心理，才能够在合适的场合寻找合适的实机，利用适宜的交际手段，巧妙化解他人的排斥心理，从而拉近两者之间的心理距离，处理人际关系更加得心应手。

杜唯大学毕业不久，就很顺利地在北京一家著名的广告公司找到了一份不错的文案策划工作。和那些整天奔波于招聘会但是工作仍然没有着落的同学比起来，杜唯无疑是幸运的。然而，上班以后，杜唯才发现，找不到工作固然苦恼，但是找到了工作，依然有工作上的烦恼。

因为杜唯是新人，在公司里不仅得不到上司的重用，就是在同事眼里，杜唯也纯粹成了一个打杂的。这让杜唯的心理很不平衡，自己怎么说也是名牌大学毕业的本科生，怎么现在成了一个打杂的呢？

更让杜唯难以接受的是，在公司里，他处处觉得自己是一个外人，根本不能融入公司这个大团队。平时工作的时候，同事们好像处处提防着杜唯，这也不让他干，那也不让他干，唯独到中午带饭、打印图纸或者找不到咖啡的时候，大家才会想起杜唯。这让杜唯觉得很不公平，虽然表面应承着大家的要求，但是心里却很不满，他不明白自己这是怎么了？人家都说："职场就是个小社会。"看来这职场还真不是个容易应付的地方，杜唯一度有了辞职的打算。

试想一下，新人杜唯为什么会遭遇职场麻烦？不难看出，杜唯输在了人际关系上面。

我们已经说过，每一个人都会有排斥心理。如果想避免被他人排斥，就要学会清楚洞察他人对我们的排斥心理，并采取合适的措施化解对方的这一心理，才能获得人际交往的和谐稳定发展。

在我们的生活中，有很多类似的事情。如果想要避免类似杜唯的烦恼和遭遇，我们就必须从杜唯身上吸取教训，学会清楚地洞察交际对象对我们的排斥心理，采取相应的措施去化解对方的排斥心理，这样我们才能赢得和谐的人际关系。

小贴士

排斥心理并非需要调整的不良心态，因此我们需要做到的就是尽量不要被他人排斥，而想要做到这一点，不仅要努力提升自我品位，还要留给他人良好的第一印象，甚至努力迎合他人的审美与价值观。

为什么人会习惯性地自我保护

防卫心理是指人们天生具有的一种自我保护的心理。我们都知道，每一个婴儿都是带着啼哭来到这个世界上的。那么，这究竟是为什么呢？从心理学的角度来分析，其实是因为在出生的过程中，婴儿原有的生理和心理的安全环境被破坏了，而出生以后的新环境，他一下子还不能适应，失去了所谓的安全感，因此他会啼哭，其实是出于自我保护的需要。可见，人对心理防卫的需求和能力是天生的。

人人都需要安全感。把人的防卫心理具体到人际交往的领域，它给我们带来的启示是：我们与人交往的时候，一定要照顾一下对方的"防卫心理"。因为如果对方不能在与我们交往的过程中，从我们身上找到安全感，那么对方在心里就不能建立起和我们继续好好交往的基础，这便会对我们的人际关系产生影响，进而对我们的工作和生活也会产生影响，甚至对我们人生的成功也会产生影响。

赵刚是一所名牌大学的学生，大学毕业后，他顺利进入一家私企工作。因为表现优异，赵刚很快从一名普通的员工升为了组长。一次，他和几个同事在茶水间讨论企业文化，正说到升迁制度的时候，刘经理来了，说了一句上班时间别说别的就离开了，赵刚觉得刘经理这是大惊小怪了，工作不久，他就发现主管对自己并不是很满意，赵刚想不明白，后来还是一个同事告诉他："刘经理属于自学成才型的，所以对他这种高学历人才并不是很感冒，相反，还很喜欢挑刺，所以千万别让刘经理抓住你的辫子。"

对于同事的大惊小怪，赵刚并没有放在心上，依旧按部就班地做着自己的工作，因为表现不错，赵刚连续参与了公司的几个大项目，职位连升三级，这下更觉得没必要在意刘经理的看法了。

但是，赵刚自我感觉良好的日子没过几天，麻烦事就一件接一件地来了。先是公司老总在公司例会上含沙射影地批评了赵刚："有些新员工，虽然业务能力不错，但是就因此心高气傲，一副谁也看不上的样子，这可不行。"公司里的人都知道这是在批评赵刚。更可怕的是，从那以后，再有什么重要的项目，主管就故意不让赵刚参与，只是偶尔让赵刚打打杂，帮帮小忙，而且主管还时不时找机会冷言冷语地讽刺赵刚。这时，赵刚才明白了刚进公司时那个同事提醒他的那句话。

紧接着，部门经理又找赵刚谈话，旁敲侧击地告诉赵刚："即使业务能力很强，也要团结同事，不能耍性子！"

赵刚之所以不能得到主管和部门经理的器重，从实质上讲是因为他高调的行事风格潜在地触碰了主管和部门经理的敏感神经，增加了主管和部门经理对赵刚的戒备心理，强化了主管和部门经理对赵刚的防卫心理。而防卫是带有攻击性的，反映在行为上就是打压、报复等。

其实，像赵刚这么优秀的人，如果能再多懂一点人际交往的学问，能早一点洞察到主管和部门经理对他的防卫心理，在刚刚参加工作的时候就采取措施，尽可能地化解主管和部门经理对他的戒备心理，相信赵刚能很容易地取得主管和部门经理的信任，也不至于遭遇这些无谓的麻烦。

防卫心理是人们普遍存在的一种心理，因为不管什么时候，人都渴望被安全感包围。所以不管是什么样的场合，不管与什么人打交道，学会洞察对方的"防卫心理"都是我们必须做到的。只有这样我们才能积极采取措施化解对方的防卫心理，从心理上给对方一种安全感，让对方觉得和我们的交往是安全的，只有这样我们才能获得对方的信任和理解，进而与对方建立起互信互利的和谐的人际关系。

小贴士

缺乏安全感是现在的年轻人普遍存在的一种心理，其实归根结底，还是因为自己不够自信和不敢相信他人。要想提高自己的安全感，就必须学会爱自己，增强自信感，努力让自己变得更优秀。

满足对方潜在的情感需求

2009年7月16日发生了一次空帖莫名爆红现象。百度"魔兽世界吧"中，一篇名为"贾君鹏你妈妈喊你回家吃饭"的无内容帖5小时之内就被超过2万的网友回复跟帖，被网友称为"网络奇迹"。该帖名称旋即成为中国大陆网络流行语，贾君鹏这个真实身份不明的人物也随之走红网络，并被网友发展演变为"贾君鹏的妈妈""贾君鹏的姥姥""贾君鹏的二姨妈"，成了一个庞大的"贾君鹏家族"。

这条看似普通的帖子之所以会在网络世界引起轩然大波，火成一种现象，其主要原因还是因为大众内心的一种情感需求。像"×××，你妈妈喊你回家吃饭"。这种话，几乎是每个人童年都有的回忆，也正是因为这种潜在的联系，让网络世界的网友对以戏谑态度说出的"贾君鹏你妈妈喊你回家吃饭"产生了共同的认知，再加上网友无聊、猎奇、游戏等心理的综合作用，自然而然就将"贾君鹏"推到了互联网戈多式狂欢的顶峰。分析到这儿，相信不难看出，"贾君鹏"之所以走红网络，正是因为满足了人们的一种潜在的情感需求。可见情感需求对一个人有非凡的影响。

小华是一个网络小说网站的总监，因为缺乏知名度，所以网站的点击量很少，上线不到一年，就已经到了快维持不下去的地步。开发一个网站不是一件简单的事，耗费了团队许多人很多心血，他就像小华和合伙人的"孩子"一样，小华不想这么早就说放弃。

为了挽救网站，小华想了很多办法，比如，免费开放所有书籍一个月，花重金请网络知名作家写专栏，请网络水军帮自己做宣传……总之，只要能做的，不管多难，小华都想尽办法做到了，但是都收效甚微，过了宣传的那几天，热度也就过去了。

一天，小华正在为APP的事发愁，看到老妈正在看化妆节目，便索性放下工作跟着老妈看起了电视。"唉，现在这个社会，女人的钱，果然是最好赚的！"在一旁跟着看的小华爸爸忽然发出感慨，但就是这突然的一句感慨，彻底打开了小华的思路。小华心想："老爸说的在理，既然女人的钱好赚，那我为何不改变思路，把APP变成一个专门为女人服务的软件呢？"

说做就做，小华召集同事开会，确定了总体方向之后，小华先是宣布网站更新，暂时关闭。然后做了调查问卷，在对网上1000名不同行业、层次的女性的回答进行研究之后得出结论——网站以后就专攻女性最关心的养生、化妆和小说。除了更改板块，小说的内容也发生了变化，由之前的各种类型的小说，改成了女性最感兴趣的爱情、婚姻类的小说。网站改版后，小华先是在网上邀请了一些网友试用，获得了好评，后来加上广告宣传和网络宣传，成功在网站市场站稳了脚跟。

为什么改版后的网站能够成功，正是因为小华在改版后的APP中加入了女人感兴趣的相关内容，而这些内容正好满足了她们潜在的情感需求，尤其是符合她们期待的爱情小说，更满足了她们心中对爱情对婚姻的美好期待，所以她们自然愿意看小华的网站了。

我们在人际交往和日常生活中，也应该好好体会贾君鹏效应带给我们的启示：不管与什么人交往，都要注意对方的潜在情感需求，然后在对方的心理激起和我们相似的情感认知。这样有助于拉近我们和对方的心理距离，增进彼此的情感交流。一旦彼此有了共同的情感基础，再以此为突破口，建立和谐的社交关系。

小贴士

满足对方的潜在要求，并不是为了让我们阿谀奉承，去刻意地讨好谁，而是为了让我们在与人交往的过程中，拉近彼此的距离。谁都爱听好话、漂亮话，这是大家都认可的一个事实，如果多夸奖别人，能让我们在人际交往中占有更有利的位置，更有效率地做好分内工作，何乐而不为呢？

心理学与潜意识：相信自己，你无所不能

　　人的潜意识一直是心理学专家孜孜不倦、努力研究的一个领域，那么心理学与人的潜意识究竟会有怎样的联系呢？人的潜意识与暗示心理又有什么必然的联系？为什么我们越在心里暗示自己要努力做到某事，反而越做不好呢？看完本章内容，相信你会有不小的收获。

🔒 为什么人都会做梦

说到做梦，应该不会有人感到陌生，因为自从我们有记忆起，梦就已经开始伴随着我们了。甚至，梦从我们出生的那一刻起，就产生了，只不过因为我们那个时候没有记忆，所以无法记住自己梦里面的内容。那么，梦究竟是怎样形成的呢？

不管是从心理学还是从生理学的角度来分析做梦，它都是一种人体正常的、不可或缺的活动。当人的身体进入睡眠状态之后，人的大脑内仍有一小部分还在活动的脑细胞，这就成为做梦的基础。千百年来，无数的解梦者、心理学家以及神经生物学家苦苦求索着梦的根源和形成方式，然而直到科技如此发达的今天，对于这个问题的答案，仍然各有千秋、很难有统一的定论。不过，随着研究技术和内容的不断跟进，梦与一个人的心理和性格有着密切联系这一观点得到了越来越多的研究者的认可。

小薛是一家外贸公司的职员，性格乐观开朗，工作认真积极。但是最近小薛的同事却发现她没有以前那么爱说话了，走路也总是低着头，一副心事重重的样子。小梅和小薛私下关系最好，眼看着小薛已经好几天都这样了，小梅实在忍不住便把小薛拉到没人的地方，问她最近是不是遇到什么困难了。没想到小薛眼神躲闪，并不是很愿意回答这个问题。最后实在拗不过，小薛才说出实情。

近来小薛精神不振，是因为她老是做梦，而且梦的内容很奇怪，她老是梦见自己赤身裸体走在大街上，从澡堂出来，直接去上班。小薛从上学就一直是父母和朋友眼中的乖乖女，做这种梦实在让她太难堪了。其实第一次，小薛也只当是做梦，没怎么在意，可是接二连三地做了这种梦以后，小薛便不淡定了，老觉得自己不正常，走在路上也总觉得别人在用异样的眼光看她。但是她又羞于跟别人说，结果就变得越来越自卑了。

小梅知道了事情的原委后，便建议小薛去找心理医生看看。小薛一开始扭捏着不愿意，小梅跟她说了心理医生的咨询内容都是绝对保密的之后，她才在小梅的陪同下去见了心理医生。

心理医生了解了小薛的情况后，什么也没说，只是很惯常地跟她聊起了天，说了一些最近发生的事。从聊天中，心理医生明白了，日常生活中，小薛虽然大大咧咧的，但她其实是个内心十分敏感的女生，她特别在意别人对她的看法，尤其是男生对自己的看法。最近公司新来了一个男同事，各方面都十分符合小薛理想男朋友的标准，但是两人还没来得及进一步了解，两人便因为一件小事生了尴尬，所以她变得有点烦躁。于是，这种烦躁和尴尬便被小薛带进了梦中。

梦是协调人体心理世界平衡方式的一种，它对人的注意力、情绪和认识活动的作用尤其明显。人处于清醒的状态时，是利用大脑的左半球在活动；做梦时，主要是利用大脑的右半球活动，而在醒与梦交替的过程中，人体可以达到神经调节和精神活动的动态平衡。所以，正常的梦境活动，不仅是保证人类机体正常活动的重要因素之一，还是协调人体心理平衡的一种方式。

人们经常说："日有所思，夜有所梦。"但事实上，我们梦里面出现的，除了有我们白天遇到、想到的一些事情之外，经常也会有一些不着边际的事情。而且有的梦，当我们一觉醒来时，甚至都忘了到底是什么了。但不管梦的内容是什么，它其实都是人体潜意识的一种体现，是每个人日常生活中都会发生的很正常的事情，相反，长期睡眠无梦，不仅是不正常的，还可能是身体正在向你发出危险的信号！

小贴士

做梦是每个人都会发生的非常正常的事情，不管是噩梦还是美梦，我们都不能被它们影响和左右了心情，应该尽量采用健康积极的心态面对梦里面的内容。当我们觉得梦里的内容对我们的生活造成了困扰，可以试着调整自己紧绷的情绪或是找心理医生聊一下。

你期待什么，就会得到什么

心理学上有一个很重要的定律——自我实现预言，也称皮格马利翁效应或期待效应。它指的是一个人一旦对某件事情有了期待，就会把它当成一种信念，然后朝着这个方向努力，最后，他的行动使信念成了现实，也就是实现了预言。

1968年，美国的罗森塔尔教授和雅各布森教授带着实验小组来到一所小学，并向校长和老师说明，他们接下来要做一个关于"发展潜力"的测验。一切准备妥当后，他们分别从六个年级的各个班里共挑选了十几名学生，然后把他们的名单交给了学校的一位任课老师，并在离开的时候跟她说，这些名单里的学生都是最有发展潜力的，希望她在不告知他们的情况下用心观察和耐心教导。

学期结束，罗森塔尔教授和实验组的同事再次来到这所小学，他们惊喜地发现这些"最具发展潜力的孩子"都有了很大的进步和改变，不只是学习成绩提高了不少，甚至在兴趣、品行、师生关系等方面也都有了很大的变化。要知道这些学生事实上只是实验组随机挑选的，有的甚至是班上品行和学习成绩最差的学生，但是现在，奇迹发生了，他们甚至已经超过那些比他们优秀的学生了。这一现象被称为期待效应。后来人们借用古希腊神话中皮格马利翁的典故，称这种现象为"皮格马利翁效应"。

罗森塔尔认为，之所以会出现上面的奇迹，是因为"权威性的预测"引发了教师对这些学生的较高期望，就是这些教师的较高期望在这个学期中发挥了神奇的暗示作用。这些学生在接受了教师渗透在教育教学过程中的积极信息之后，会按照教师所规划的方向和水平来重新塑造自我形象，调整自己的角色意识与角色行为，从而产生了神奇的"期望效应"。

从罗森塔尔教授的分析中可以看出，自我实现预言很多时候都是不自觉行为，还可以看出自我暗示的强大力量。不过自我实现预言是中性的，它的关键之处在于信心，要想实现，还得看预言人自己是乐天派还是悲观派。如果预言人自己相信事情会往更好的方向发展，相信预言的事情成功的概率比较大，那么预言实现的概率就会比较大。

关小敏和易见仁是同一个宿舍的好朋友，临近毕业，周末两人一起到一家大型广告公司应聘，顺利成为这家广告公司的实习生。因为是国内数一数二的广告公司，宿舍的人都很为两人高兴，并衷心地向两人表示祝贺。晚上宿舍聚餐，小敏信誓旦旦地跟宿舍另外一个女生说，我有信心，这次工作会成为我人生的转机，我一定要好好表现，争取三年之内成为广告部最年轻的总监。大家都为小敏的志向鼓掌，让见仁也发表一下自己的感慨，见仁冷冷地说："还是先把实习期过了再说吧，那里面全是精英，哪有我们发挥的余地啊？"当场泼了大家一盆冷水。

两人正式上班后，关小敏性格活泼，走到哪都能看到她忙碌的身影，实习期还没结束，就已经和大多数人都交上朋友了。易见仁则天生敏感，做事小心翼翼，总是担心做错了会被责怪。实习期快结束的时候，公司新接了个广告策划，小敏跃跃欲试，为自己争取到了写策划的机会。晚上回到宿舍，见仁见小敏都十二点了还在加班，说："这么努力有什么用呢？公司怎么可能会用我们实习生的策划？""不做怎么知道呢？我就觉得我的点子不错，我相信我的策划能通过最后的评选。"就这样小敏加了半个月的班，终于在策划评选的最后一天交上了自己的劳动成果。

功夫不负有心人，小敏的策划最终被采用，她也因为这次积极的表现被广告公司直接聘为正式员工，还没毕业就成了坐办公室的白领。而见仁则不得不在毕业后跟所有毕业大军一起在人才市场来回奔波。

三年很快过去，小敏已经成了广告公司驻上海分部的总监，而易见仁则因为对自己没信心，觉得上海压力太大，去了一个三线小城，在那做着不痛不痒的兼职。

每个人离开学校后，都必然要进入职场、参加工作，这是我们实现自我价值的一个重要方法。而要想在职场中站稳脚跟，个人信心是至关重要的。尤其是在这个充满竞争和不确定的社会，保持对社会和自己的信心和凝聚力就显得更为重要。如果一个人自己都不相信自己能成功，觉得自己注定会失败，那么结果不言自明；反过来，如果一个人对自己充满信心，而且方向清晰、目标明确，最后往往比较容易成功。因此我们应该保持乐观正面的心态，多给自己积极的心理暗示，相信自己能有所作为。

小贴士

期待效应其实就是自己对自己的一种肯定，自己相信自己一定能达到某个目标。但是要想成功光有期待是不行的，我们还必须得付出加倍的努力才行。如果只有期待而不行动，那么期待永远都只是期待，就像镜花水月一样，不会有成真的一天。

越"努力"，越得不到

生活中，你是否有过这样的体会：失眠的晚上，越想睡觉却越发睡不着，如果转移注意力，去听一首歌或是去看一本书，很快就睡着了；在路上骑车的时候，一直提醒自己要注意拐弯处的电线杆，结果到拐弯处的时候，还是莫名其妙撞了上去；演讲的时候，越是提醒自己不要紧张，不要在意坐在下面的人，越是忍不住注意下面黑压压的人群……同样的情况还发生在想戒烟瘾和网瘾的人身上，越是压抑着自己想抽烟的欲望，一旦放松反而抽的比以前还厉害。

以上这些，其实都是心理学上说的努力反向效应在起作用。意思就是，越努力越做不到。这是因为心理暗示和意志意愿发生冲突时，意志意愿在心理暗示面前，不仅毫无作用，反而会被心理暗示征服，是心理暗示加强，让人得到不想要的结果。简言之，人越是压抑某种心理暗示，这种心理暗示反而越能成真。

楠楠的爸爸妈妈都是学校的老师，他是家里面最小的孩子，他的两个姐姐都是名牌大学的毕业生，所以他的父母从小就对他严格要求，希望他能像姐姐们一样，成为一个有用的人。还好楠楠也很争气，不只成绩名列前茅，还十分听话、懂事。初中毕业后，楠楠考上了市里最好的高中，因为竞争越发激烈，楠楠的成绩从前十名滑到了前三十名。父母找楠楠谈话，希望他能迅速重回前十，这样进名牌大学才有保障。于是，楠楠学习得更加刻苦了，不仅每天晚上学到凌晨，周末也从不和朋友出去玩，觉得浪费时间。

但是，万万没想到，离高考不到一个月的时候，楠楠却出现了一些心理障碍。上课的时候他完全无法集中精神学习，而且总是被一些与学习无关的事吸引。看着身边的同学都在勤奋刻苦地复习，楠楠更焦虑了，但是越焦虑，越是学不进去。高考前的最后一次摸底考试，楠楠的成绩直接滑到了四十名。

从上面的案例中，我们不难看出楠楠之所以出现焦虑，导致成绩下滑，就是因为他给自己的压力太大，把所有的精神都集中在学习上，这种不合理的时间安排其实就是一种对自己的苛求，虽然它能保证自己学习的时候集中精力，却无法保证学习的效率。而且人在这种强压下学习，无形中进入了自己给自己营造的挫折环境，很容易引起心理反弹，反倒学不进去，可以说，他学不进去正是由于他把学习时间用至极点的结果。

有压力其实是很正常的，适当地给自己增加压力也可以让自己更有动力和拼劲，但是如果一下子把自己压得太狠了，那么势必会起反作用。所以我们在生活中，如果发现自己的情绪处于高度紧张的状态或者觉得自己的大脑紧绷，无法集中注意力，不要一直想着压抑自己，克制自己，也要学会适当地调节自己的紧张情绪。

1.语言暗示法

人的压力和紧张感，很多时候其实都是自己由于外界的变化，强加给自己的。所以当自己情绪紧张时，试着跟自己对话，暗示自己现在的压力其实都是自己的胡思乱想，只要静下心来，肯定能找到解决办法，这就是一个不错的缓解紧张的方法。

2.排除刺激法

排除外界的一切不良刺激，是保持心理卫生，减缓紧张情绪的重要方法之一。不管什么时候，外界的不良刺激对个人尤其是紧张情绪的人都是十分不利的。所以当自己处于极度紧张的时候，一定要避免外界的进一步刺激，应该尽量忽略周围对自己不好，会让自己焦虑的声音。

3.放松运动法

当你被身上的压力压住，无处排解时，可以试着先放下压力，做一些有氧运动或者是放松身体的健身操，流些汗，让自己混沌的大脑清醒清醒，再转过头去解决那些烦心事，效率会高很多。

4.调节心境法

为了减缓紧张的情绪，尤其是临考前或者开会之前这种关键时刻，我们要特别注意自身心境的调节，以创造良好的外界环境影响和刺激自己。如听听轻音乐，讲讲幽默故事，或者与人讲些轻松的玩笑话，这些都有助于冲淡和缓解我们紧张的情绪。

很多时候，我们应该学会主动让自己放松下来，用轻松的心态观察思考，这样才能避免掉入努力反向效应的陷阱。

小贴士

努力反向效应告诉我们，若想获得自控能力，就得放弃意志力。但这个并不是说意志力不能训练、不可培养，而是提醒我们要注意努力反向效应的陷阱，做任何事，都不要把自己逼得太紧，因为人绷得太紧就像弦绷得太紧一样，是会崩溃的。所以适当的压力是必要的，但是必须把握好度。

忘掉过去，重新开始

我们在社会中生活，都不可避免地会遇到挫折，而且大多数人遇到挫折的时候都会感到不安和想要逃避，但是这显然不是最明智的做法。聪明的人，在人生遭遇低谷的时候，从来不想着躲避，而是不断地调节自己的心态和情绪，然后重新出发。

但是这些跟一张白纸又有什么关系呢？白纸在我们遇到挫折时，又能带给我们怎样神奇的力量呢？其实只要细细品味，你就会发现，一张白纸可以提醒你，忘掉过去重新开始；一张白纸可以预示你重新规划自己的人生；一张白纸也可以使你重新找回丢掉的自信，很好地把自己的心态调整回来。

晓梅今年16岁，在本市最好的高中读高二。晓梅不仅是个学霸，业余爱好也十分广泛，小小年纪，既是班里的团支部书记，还是学校学生会的副会长。最重要的是晓梅性格十分要强，不管做什么她都要求自己做到最好。这也是老师和同学如此信任她的重要原因。

晓梅从5岁开始便在妈妈的督促下练习钢琴，起初她也像其他孩子一样坐不住，很抗拒枯燥的钢琴练习，但是练着练着自己就有了兴趣，再加上一路的考级考试都十分顺利，这也给了她很大的信心。

周一上课之前，老师通知说，下个月初，本市要举行中学生才艺大赛，每个学校都要派一支队伍参加，希望班上有才艺的同学能积极报名。晓梅觉得自己学了这么多年的钢琴，终于到了好好表现的时候了，于是果断地报了名。

为了能在比赛中取得一个好名次，晓梅把所有的课余时间都花在了练琴上面，几乎到了废寝忘食的地步。终于到了比赛的这一天，晓梅信心满满地来到了比赛场地熟悉环境，为了给她加油，许多同学也都赶过来观看比赛了。

晓梅抽签抽到的出场顺序是5，倒数第三个出场，是个不错的顺序。晓梅在后台听了前面四个选手的弹奏，觉得自己并不比她们差，所以轮到她的时候，自信满满地上场了，但是万万没想到，晓梅还没走到钢琴边，就因为踩到自己的裙角崴了一脚，虽然晓梅极力地想忘记这一幕带给自己的影响，认真弹完整首参赛曲目，但是她还是因为紧张和羞愧，弹错了四五个音符。最终晓梅获得了第六名。

比赛结束后，晓梅一直觉得很沮丧和丢脸，她不顾同学的安慰，伤心地回了家。一进家门看到钢琴，晓梅的委屈涌上来了，她狠狠地砸钢琴盖，痛骂自己的愚蠢，并向妈妈起誓以后再也不弹钢琴了，而且下周就要转学，因为实在太丢人了。

妈妈听了她的话，笑了笑，递给她一张白纸，说："如果你能看明白这张白纸之中隐藏的奥妙，你就一定能把属于你的荣誉赢回来。"晓梅接过白纸，实在不明白妈妈这葫芦里卖的什么药，想了好久终于恍然大悟："白纸上什么也没有，我可以随意在上面书写，妈妈其实是想让我忘记过去的荣耀，重新开始，那么每一点进步都是对自己的超越。"

周一，晓梅按时回到学校上课，她惊讶地发现大家并没有责怪她丢掉奖杯，反而十分关心她的脚伤。从这之后，晓梅就一直带着一张白纸在身上，在这张白纸的鼓励下，晓梅终于在年末举行的中学生才艺比拼中取得了理想成绩。

晓梅因为忘不掉过去的荣耀，所以无法接受失败带来的打击。妈妈递给她一张白纸，其实是暗示她忘掉过去，重新开始。晓梅明白了妈妈的用意，所以一直把白纸带在身上鼓励自己，在遇到挫折的时候，总是主动积极调节自己的情绪，激励自己重新开始，使自己保持在最佳状态，最终赢得了胜利。

其实生活中有很多人都会像晓梅这样，越是怀念曾经的荣耀，就越是得不到自己想要的，受挫之后，意志力也会遭到打击，变得越来越薄弱。面对这种状况，我们千万不能就此退缩，而是应该积极进行自我调节。像晓梅一样，借助一张白纸的力量，提醒自己，忘掉过去，重新开始。

小贴士

"白纸的力量"其实就是提醒自己，不要沉浸在过去的成就中，因为不管过去的成就有多高，那只代表过去，我们应该向前看。同理，我们也不能因为过去自己表现太差，就急于否定自己，人活着就应该向前看，不断努力成为更好的自己。

相信自己，给自己必胜的信念

安慰剂由没有药效，也没有毒副作用的物质制成，如葡萄糖、淀粉等，外形与真药相像。安慰剂效应是心理咨询者在咨询中向来访者提供

"安慰剂"，使来访者由于期望而促进心理障碍减轻或病情好转的心理现象，简单点说就是相信则灵。

安慰剂效应不只在医学上有应用，生活中安慰剂效应的例子也比比皆是。

杉杉是一家外贸公司的白领，周末，她和几个同事见是难得的好天气，便一起约着去野外踏青。当他们在山间游走的时候，看着路边美丽的风景都被深深地迷住了，于是决定就地休息，欣赏美景。同行的同事见杉杉和几个女同事累了，便拿了水给她们喝。杉杉接过水，喝了一口，忍不住赞叹："还是山里的泉水甜！"大家听了她的话也纷纷尝了一口，都忍不住开口称赞，确实很甜。

这时同事不解地说："你们都错了，这就是我从家带来的水呀！"

其实很多时候，我们都有这种体会，就是我们往往得出的结论，并不是事实就是这样的，往往掺杂着许多个人因素，例如，我们的期望、信念和以往的经验等。这是为什么呢？其实道理很简单，正是安慰剂效应在支配着我们，因为在生活中，一旦我们对某一事物形成了主观的认识，认为它很好，那么即使出现了问题，我们也还是会习惯性地认为它很好，期望、信念和经验往往会让我们产生心灵感受，也就是安慰剂效应所说的"相信则灵"。

生活中，我们每个人都不可避免地会遇到不如意的事情，这是人之常情，也是我们必须经历的，而能顺利渡过这些难关的人往往就是最后的成功者。所以要想成功，就得学会时刻调整自己低落的情绪，以此来使自己的情绪和生活达到最好的状态。这时候，给自己一剂安慰剂，不断给自己心理暗示，并灌输自己相信则灵的思想，用信念和期望来暗示自己，你就是最棒的，这样你就会变得更加自信，从而赶跑那些坏情绪，使自己处于最佳状态。

小七是一个非常胆小的人，因为她总是在心理暗示自己，"我害怕""这些我做不到"，所以她总是在心里让自己避开所有的"挑战"，尽管她并没有自己想象的这么弱，甚至各门学科都称得上优秀，老师和同学也非常喜欢她。

周五放学的时候，班主任通知小七，下周一要和班上另外三名同学一起组队参加年级组织的辩论赛。小七听完直接就想拒绝，但是班主任却没给她机会，因为这是各科老师投票所作的决定，关键是班主任觉得这对小七来说是个很不错的锻炼的机会。

虽然是赶鸭子上架，但是周末的时候，小七还是和同学做了充分的练习，大家都鼓励她，说她按练习时发挥，就已经是最棒的了。辩论赛终于到来了，可是轮到所有组员上场的时候，小七却不见了，班主任很着急，最后在厕所找到了她。

"老师，我真的害怕，太多人了，我做不到。"小七跟老师说的时候几乎都带着哭腔了。

"小七，这只是一场很小的比赛，下面坐的都是你熟悉的同学，大家并没有要求你拿名次，你只要坐到那里，和大家勇敢地并肩作战就行了。你要知道，你必须得迈出这一步才能成长。"

听了老师的话，小七虽然还是有点害怕，但她决定勇敢地走出去，她站起来，对老师说："我不害怕了，我相信我一定能做到的。"

果然如小七所说的，她做到了，她不只战胜了胆小，还在比赛中凭借自己的出色表现获得了"优秀辩手"的称号。

小七之所以能从一个胆小的姑娘变成一个勇敢的优秀辩手，除了老师和同学的不断鼓励之外，最重要的就是她对自己的心理暗示起到了强化作用。一开始她在心里暗示自己做不到，所以她迈不出这一步。后来她听了老师的话，积极地用心理暗示调解自己，相信自己能行，给了自己强大的信心，所以最终迈出了这一步。

生活中，如果你不相信自己，就会给自己消极的心理暗示，但是如果这个时候你能试着让自己冷静下来，调节自己的情绪，用积极的心理暗示自己，那么事情就会朝着你希望的方向发展，这就是"相信则灵"。相信自己会成功，那么你找到的就是自信和方法；反之，认为自己会失败，那么你找到的就是借口和托词。

小贴士

一个人如果连自己都不能带给自己正能量，那么这个人是很难活在积极乐观的世界里的。要想让自己自信起来，获得成功，首先要自己相信自己，学会用积极的心理暗示鼓励自己。

心理学与负能量：摆脱心理障碍，做自己的主人

我们把生活中的能量划分为正能量和负能量两部分，正能量可以帮助我们走出阴霾，重拾信心，而负能量则恰恰相反。从心理学角度看负能量，其实大多数是因为人不够自信，所以容易被负面情绪困扰。了解负能量与心理学的关系，找准病症，对症下"药"，从而让我们成功摆脱心理障碍，活出自己！

🔐 用你的优势助你成功

奥托·瓦拉赫是诺贝尔化学奖获得者，他的成才过程极富传奇色彩。瓦拉赫在开始读中学时，父母为他选择的是一条文学之路，不料一个学期下来，老师为他写下了这样的评语："瓦拉赫很用功，但过分拘泥。这样的人即使有着完美的品德，也绝不可能在文字上发挥出来。"此后，他改学油画。可瓦拉赫既不善于构图，又不会调色，对艺术的理解力也不强，成绩在班上是倒数第一，学校的评语更是难以令人接受："你是绘画艺术方面的不可造就之才。"面对如此"笨拙"的学生，绝大多数老师认为他已成才无望，只有化学老师认为他做事一丝不苟，具备做好化学实验应有的品格，建议他试学化学，父母接受了化学老师的建议。这下，瓦拉赫智慧的火花一下被点着了，文学艺术的"不可造之才"一下子变成公认的化学方面的"前程远大的高才生"。

瓦拉赫的成功，说明这样一个道理：学生的智能发展都是不均衡的，都有智能的强点和弱点，他们一旦找到自己智能的最佳点，使智能潜力得到充分的发挥，便可取得惊人的成绩。这一现象也被人们称为"瓦拉赫效应"。

小明从小就不是大人眼中的乖孩子，甚至可以称得上是有点顽皮的孩子，不仅不听话，学习成绩也很糟糕。除了语文勉强合格之外，其他科目都十分糟糕。小明的父母都是工程师，所以对他的期望很高，眼看着小明就要升初中了，成绩还一直处于班级的最底端，小明的父母只好请来了家教，在小学的最后一个暑假里给小明再恶补一下。但是小明显然不想配合爸妈这种强制性剥夺他时间的活动，暑假开始不到两周，他就已经使出浑身解数，气走了三个家教了。

这天小明正在本子上写一些爸妈觉得是没用的东西，爸妈给他找的家教到了。小明本想捉弄一下新老师，没想到老师抢先一步走到他面前，拿起他的小本子认真地阅读了起来，看到后来，还拿着小明的笔认真做起了批注。小明见他没有像爸妈或其他老师那样说自己是瞎写，心里暗暗高兴，但是怕老师只是为了驯服他，所以仍旧一副高冷的样子。直到老师跟他说你写的挺好的，继续加油的时候，他才确认老师是真的关心他在写什么，小明高兴极了。这一天他跟着老师学得格外认真。

当天晚上，小明的父母回来，惊讶地发现，新老师不但没有被小明气走，反而和小明正其乐融融地在讨论学习上的问题。父母都很讶异，送老师走的时候特意向老师讨教，他是怎么让"坏小孩"小明乖乖听话的。没想到老师比他们更惊讶，说："小明很聪明，也不像你们说的那么坏。而且他在语言方面有很好的天赋，如果根据他的兴趣，往这个方面培养他，他一定会成为很优秀的人。"

老师的一席话点醒了小明的父母，原来并不是孩子太笨，而是他们太主观了，老是把自己的意志强加在孩子身上。其实生活中，有很多父母都像小明的父母这样，总是把自己认为最好的强加给孩子。比如什么专业热门就让孩子学什么，大家都在学的，自己的孩子也要学，这种不愿意输在起跑线上的做法，有时弄巧成拙，反而会耽误孩子的成长。

心理专家和教育专家研究显示，每个孩子都有自己独有的思想方式和他们最擅长的领域，如果父母在培养孩子的时候，能让他们发挥自己的优势，做他们擅长的和感兴趣的事情，达到的学习效果比父母强加给他们的兴趣爱要好很多。

如果置自己的优势不顾，而选择自己无法领悟的领域，找不准自己的位置，也就不可能真正实现自身的价值。我们只有找准自己的最佳位置，才能最大限度地发挥出自己的潜力，调动起自己身上一切可以调动的积极因素，并把自己的优势发挥得淋漓尽致，从而获取成功。

小贴士

每个人都有自己擅长的领域，也就是我们通常所说的优势。一个人要想成功，就得使自己优势最大化，也就是把自己的优势最大限度地发挥出来。

你离依赖症有多远

依赖症指的是带有强制性的渴求，不间断地使用某种或者某些药物或物质，或者从事某种活动，以取得特定的心理效应，并且借以避免戒断反应的一种行为障碍。具体而言，有学习依赖症、网络依赖症、食物依赖症、手机依赖症等。实际上，这些病症都是近年来出现在心理学领域的新名词，但是时下在年轻的白领层中却非常常见了。

电脑、手机等现代交际工具的发达让人和人之间的交流更加方便了，人们享受这一份便捷，却忘记了生活的本身。这就相当于人们在网上聊天的时候，无话可说了就用各种有趣的表情图片代替，避免了冷场的尴尬，因此，这种行为被很多人追捧。但是，如果习惯了借助这些工具交流，时间久了就容易产生网络依赖，等到真正与人面对面交流的时候反而不会讲话了。

小溪的工作是淘宝客服，因为每天上班都是在网上和人聊天、做推销，而且上班的时候，整个办公室都十分安静，大家都习惯了用网络交流，所以即使和邻近的同事说话，也是静静地在网上问就好了。

渐渐地，这一习惯也延续到了她的日常生活中。和朋友吃饭，聚会，明明大家都面对面坐着，却还是一人拿着一个手机在群里面聊天。后来发展到回家，和老公两个人在家，有时她在卧室，老公在客厅，只隔了一面墙的距离，她有事也会发短信跟老公说。一开始她的老公还觉得没什么，可时间长了就不乐意了，就在自己家里，连当面说句话都不愿意，整天拿着手机聊天，难道是外面有人了？

争吵就这样不可避免地发生了，一开始两人还只是普通的争吵，后来因为小溪始终改不了爱用手机软件聊天的习惯，两人越闹越凶，竟到了要离婚的地步。朋友知道他们这个事情后，便建议他们不要这么冲动，可以先去看看心理医生，心理医生了解了两人的情况后，认为小溪患上了"网络依赖症"。

依赖症虽不是什么非常严重的病，但是长期下去也容易导致心情焦虑不安，影响人们的生活、工作以及身心健康。因此，如果发现自己对某一事物产生了依赖，就应该迅速摆脱。若是一般的依赖，也无须担心，只要正视这种依赖，及时调整，就能缓解或者避免。

诚然，依赖症是一种心理上的依赖行为，无法轻易地消除。因此，依赖症患者应该理智地约束自己，避免因此产生不良的情绪或者不必要的麻烦。同时，在生活中也要尝试着和人进行面对面的交流，多参加一些活动，比如健身、郊游、散步等，找到更多的帮自己排忧解难，减少压力的办法；尽快把自己生活的重心转移，即分散自己的注意力；调整心态，懂得放松，走近自然，营造一种健康而又绿色的个人生活。

依赖症的背后，还隐藏了很多问题。比如，缺乏自信，不擅长与人沟通，抑郁等。因此，为了解决这些问题，必须正面面对依赖症，把生活重心转移到现实生活中来。

这就要求我们，第一步，勇敢地承认依赖症。正确而客观地认识自己，是改善依赖症最关键的一步。患有依赖症的人，常常无法把握自己，或者并不知道自己已经患了依赖症。只有正确地意识到依赖症以及其产生的危害，并且承认自己依赖的倾向，才可能找到病因，即为什么会产生依赖，是什么原因使自己产生了依赖。只有找到了原因，才方便对症下药，尽快解决问题。

小贴士

虽然依赖症不是什么大问题，但是我们还是应该做好预防措施，尽量避免与其打交道。较好的预防措施有：多与人交流，多参加社交活动，即使是自己独处，也要做一些有意义的事情，比如看书、跑步等。

从心理原因分析进食障碍

进食障碍指的是神经性厌食、神经性贪食（心因性或者其他心理紊乱所致）、过度进食或者呕吐、成人的异食癖以及心因性厌食。

进食障碍者容易在厌食、暴食、催泻、催吐的恶性循环里越陷越深，他们自己也明白如此循环下去的危害，但是却找不到停下来的方法。许多人都不明白，为何他们总是徘徊在暴食与厌食之中。其实这很容易理解，因为近几年想要减肥的人越来越多，很多人想到的第一个方法就是节食，然而节食过度很容易变成厌食。若是长时间处于厌食状态，食欲中枢便一直被压抑着，一旦受到外界的一些刺激，就容易崩溃，从极度压抑变成极度兴奋，迫使身体暴饮暴食。

榕榕是独生女，从小爷爷奶奶、姥姥姥爷就对她极尽宠爱，只要是她想吃的、想要的，都会满足她。因为从小就胖嘟嘟的，大家都叫她"包子"。榕榕升入初中后，进入青春期，身体迅速发育，她吃的比以前更多了。由于家人一直娇惯着她，连家务也舍不得让她做，榕榕回到家，就只顾着吃东西，吃完便躺着看电视、睡觉，久而久之，榕榕变得更懒散了，只爱在家看电视、吃好吃的，一切户外运动都不再参加了。由于长期不控制饮食加上不锻炼，榕榕的体重一路飙升，初二暑假已经破150斤大关，成了一个名副其实的胖姑娘。

初三开学后，她老觉得周围的人喜欢盯着她指指点点，后来，一些调皮的男生干脆直接当着她的面吹口哨、笑她，虽然他们都被老师以不尊重同学惩罚了，但是榕榕也真正意识到自己真的是个胖丫头了。于是她下定决心要减肥，可是越想瘦，越是瘦不下来。每次看到周围那些身材好，穿着漂亮裙子的女同学，她都十分羡慕。

减肥失败加上老是被人用异样的眼光看待，榕榕变得越来越自卑，也没以前那么爱说话了，就算是最好的朋友来找她，她也是能不见就不见。第一阶段的运动减肥失败以后，榕榕便开始节食减肥，除了早上稍微吃得多一点，中午和晚上都只喝粥或干脆不吃。坚持了一段时间，重量没怎么变化，身体却因为营养没跟上，老是感冒。家人要她多吃点东西，可是当她准备听家人的话，补充点营养的时候，她却一点食欲都没有了，更严重的是只要一看到泛油花的东西就恶心到想吐。

综上所述，在这个以瘦为美的时代，女孩子盲目地通过节食的方式来减肥，其后果就是造成人们在恶性循环中得了进食障碍。

话："不管这一次又暴食了多少，都不要去理会，不管心中如何内疚，也不能使用催吐、催泻的办法解决。只要从下一餐开始正常地吃饭，一天三餐都定时定量，时间久了就会发现自己不怎么会产生暴食的欲望了。而且因为担心暴食之后发胖就连着不吃饭，最后导致厌食的情况也相对地变少了。"

在神经性厌食症为我们敲响警钟的时候，神经性贪食症也悄悄地进入了我们的日常生活。贪食症，也是一种精神上的异常。在生理方面，患者并没有进食的必要，但是其心理上却有一种强烈的饥饿感，这样便容易导致在短时间内大量摄入食物。这样的情况往往是因为压力太大导致的。心理学家认为，吃东西并不能百分之百调节我们的心情，因此在使用这种方法的时候一定要适可而止，防止产生贪食症。

王女士今年38岁，是一家五星级酒店的高管，因为常常要与一些身份高贵，但是刁蛮的客户打交道，王女士只能有苦肚里咽，有委屈自己受着，这样时间长了，压力也大，王女士渐渐患上了一着急就头痛的毛病。一次，她刚忍气吞声给一位挑剔的客户处理了换房的事情，正坐着电梯回一楼的时候，头痛病忽然犯了，这时正好有个女员工路过，给了她一块巧克力，说是吃了会让人心情变好。王女士本来没在意，但是没想到吃下后真的不那么难受了。从这以后，王女士到哪都会带着几块巧克力，不时吃上两口。半年之后，王女士的体重由原来93斤的标准体重飙升至138斤。因为酒店工作很看重形象，王女士便辞职了，虽然没那么大压力了，王女士还是没办法控制自己随时想吃巧克力的欲望。

对于进食障碍者而言，最重要的就是调节自己的饮食习惯，保证机体摄入充足的热量，同时也拒绝催吐、催泻。然而，想要做到这些，对于大部分患者而言还是很困难的。因此患者不仅需要自我调整，还需要心理辅导。

小贴士

进食障碍大多与心理原因有关，例如，心理压力过大或者过分注重别人对自己的看法，因此强迫自己做不喜欢的事情。所以要想远离进食障碍，主要还是要注意调节自己的情绪，及时缓解自己的压力，不要让自己负重前行。

洁癖其实是一种心理障碍

一个人喜欢干净原本应该是一件好事，但是过度地注重清洁就是"洁癖"。这里所说的"洁癖"，指的就是对于讲求卫生方面达到了近乎苛刻的程度。洁癖是强迫症最常见的一种临床表现，占据了强迫症患者里近乎一半的人数。这一类人，特别是那些非常注意手的卫生的人，每天最少都要洗几十遍手，每一次洗手还要不停地打肥皂；只要接触过东西，就要洗一次手，不然内心就会十分焦躁，无法做任何事情。他们下班回家后的第一件大事就是各种清洗。同时他们也不欢迎朋友来做客，不允许别人随便坐在自己家中。

这种人不仅对自己苛刻，时间久了，还会严重地影响自己的生活与工作，他们心里非常明白没有这样做的必要，但是又控制不住，不知道该如何处理。像这种有"洁癖"的人在我们的生活里非常常见，他们生活的全部重心就是打扫卫生、清洁自己，他们每天盯着的就是细菌，而不去关心其他的事情，也没什么兴趣爱好。

芊芊和她的老公小鹤是相亲认识的，虽然结婚之前小鹤就知道芊芊很爱干净，但他当时并不觉得这有什么，反倒觉得她这么爱干净其实也挺好。可是两人结婚不到一个月，小鹤就对芊芊近乎变态的"爱干净"受不了了。小何发现芊芊每天做得最多的事也是洗手，只要手碰到了什么，她就会马上跑去洗手，现在手都洗得脱皮了。下班回家，芊芊首先问的不是上班的情况，而是第一时间拖着他去洗手，然后再说一天发生的事。

有一次，小何的几个同事下班了，顺便来看看小何的新家。本来同事聚会挺开心的事情，但是最后却因为芊芊不欢而散了。原来同事们风尘仆仆地赶到他们家的时候，芊芊正在打扫卫生，几个大男生也没想这么多，打了个招呼便直接进屋了。地上是湿的，踩完有多脏可想而知。芊芊果然受不了了，一连两个小时，除了中间在众人准备坐下的时候铺了块白布在沙发上，一直在跟地板交战。几个同事觉得气氛实在诡异，但是又不敢动，等到地板干了，赶紧离开了。

小何觉得很无奈，芊芊这种吹毛求疵的行为已经严重影响到他们的正常生活了。小何反复劝阻，但是并没有什么效果。

其实芊芊的这种行为就是典型的"洁癖症"的表现。其实，干净的目的是为了更加健康，健康是为了更好地生活，而生活的本质是创造价值，追求幸福，而不是简单地为了不生病。换而言之，干净并不是我们最追求的。"洁癖"的行为确实非常卫生、干净，但是并不能让我们感到幸福，反而让我们体会到无穷的痛苦与紧张，觉得生活很累，没有精力也没有时间去享受生活。大把时间都用在了洗手上面，真的值得吗？因此，想要克制自己的"洁癖"行为，最重要的就是调整自己的心态，思索自己是为何而活。同时，越干净就越不会生病的想法本来就是错的，因为人们适度地触碰一些细菌，反而能帮助自己产生抵抗力。因此，我们必须对客观环境有正当的认识，不可过分地苛刻。

那么，对于"洁癖"这一心理障碍应该如何治疗呢？心理医生建议使用系统脱敏治疗法。比如，适度地减少洗手的次数，原本会洗20遍，现在调整为洗15遍；原本每一次洗7分钟，现在适度地调整到洗4分钟。如果感觉难以忍受，就适当地做一些放松训练，或者做一些运动来分散自己的注意力。这样就可以减少自己洗手的次数与时间，最终养成饭前便后洗手并且不超出3分钟的习惯。当然，这个过程也不是一下子就能做到的，并且在长时间的坚持过程中，患者要不停地忍受煎熬与痛苦，但是治疗的结果会让患者得到真正的放松与愉悦。同时在这一过程中，患者也会发现少洗几次手并不会得什么可怕的疾病。俗话说得好，病从口入。只要注重饮食卫生就可以了。

小贴士

爱干净是好事，但是过度爱干净就属于心理障碍了，它不仅会影响我们的生活，还会造成身边的人的困扰。所以，我们应该学会调节自己的心理，客观对待周围的环境，时刻提醒自己不要把时间浪费在这些没有意义的事情上面，例如一直洗手、擦桌子等。

如何打开自闭症患者的心

自闭症是一个医学名词，又叫做孤独症，是一种由于神经系统失调导致的发育障碍，其病征通常是不正常的沟通能力、社交能力、兴趣以及行为方式。自闭症是一种广泛性的发展障碍，是以广泛的、严重的社会影响和沟通技能的损害以及刻板的行为、活动与兴趣为特征的精神疾病。许多自闭症患者都是由于不知如何恰当地表达自己的情绪，才做出很多让人惊诧的行为。不仅如此，他们好像对世界上所有的一切都缺少应有的反应。

会讲话但是不知如何交流，能看见却不想面对，能听见却又像没有听见的样子，自闭症患者基本上都是离群索居，不想和人交往，无法和人建立正常的联系。有些自闭症患者在婴儿时就表现出了这一特征，比如小时候不愿与父母亲近，不喜欢被他人碰触。如果有人抱他们，他们也不会作出任何回应；他们不会主动地与其他孩子一起玩耍，当别的孩子与之接近的时候，他们总会不停躲避与排斥，对于他人的呼唤没有反应。喜欢一个人独处。有些患者虽没有拒绝别人的表现，但是也不会与他人主动交流，缺少社会交际能力。同时，对于身边发生的事，他们也漠不关心，仿佛看不见，听不见似的，自己想怎样做就怎样做，无所顾忌。不论发生何事似乎都与他们没有关系，无法吸引他们的注意力。他们的视线总是很难停留在他人要求的事情上，自闭症患者总是活在自己的世界中。

此外，自闭症患者大部分都有一定语言障碍。他们平时不怎么讲话，严重者几乎一生都不讲话；即使有些人能够讲话，但是可以使用的词语也非常有限。有的患者经常不爱说话，习惯用手势代替；有的患者能够讲话，但是声音非常小，或者总是自言自语似的重复着单调的词语；而有的患者只能重复别人讲过的话，无法组织自己的语言进行交谈。一般，他们的兴趣也非常有限，行为非常刻板，最怕生活环境有所改变。

自闭症患者一般会在一段比较长的时间里喜欢一种或者几种活动或游戏，比如单调地摆积木，喜欢看旋转的陀螺，看天气预报或电视广告，反而对正常儿童喜欢的动画片与儿童节目都没有兴趣，有些患者还必须每天吃一样的饭菜，出门的时候必须有同样的路线，如果出现变动，他们就会大吵大闹，十分不安。自闭症患者不能改变原本形成的习惯与行为模式。很难适应新环境，因此，在社会中，他们也很难立足。

自闭症患者的智力发育水平很不平衡，差不多75%的自闭症患者都智力低下，只有极少数患者的智力接近正常。有些智力低下的患者却在记忆、绘画、计算、音乐等方面表现出惊人的天赋，令人叹为观止。

宋阳是一个自闭症患者。在一天的数学课上，老师教同学们一百以内的减法运算。每次做题时，大家都在安静地思考演算着，而他却一动不动地坐在那里，嘴巴里含混不清地念叨着，不知道在干什么。老师发现他在自言自语，就走到他身边，没想到发现了一个秘密：原来他是在念数字。奇怪的是当他把数字念完的时候，结果也就出来了。比如说一道"100-23"的减法运算题，一般的孩子都要使用凑十法、退位法，而宋阳只需要从"1"念到"23"，就可以说出结果。

据心理学家分析宋阳属于高功能型自闭症患者，通过培养，将有很大的提升空间。

自闭症患者的整个成长过程都需要家人不断去适应与学习，并且及时提供帮助。当这些患者长大之后，离开了学校，也不能放松对他们的引导。开发青少年自闭症患者的智力，是一项亟待解决的社会问题。

小贴士

自闭症患者大多生活在自己的世界，很难适应新的环境，因此他们也很难在社会中立足，但是并不能因此就歧视他们、放弃他们，反而，我们应该多给他们一些关爱，多照顾他们的情绪，为他们打造一个相对轻松的社会环境。

为什么你会时常感到焦虑

焦虑症又称焦虑性神经症，主要临床表现为广泛性焦虑症（慢性焦虑症）和发作性惊恐状态（急性焦虑症），患者常伴有心悸、胸闷、呼吸困难、头晕、口干、出汗、震颤、尿频、尿急和运动性不安等症状。但是要注意的是，他们的焦虑并不是因为实际威胁所引起的，他们紧张惊恐程度与现实情况是有出入的。

人们对焦虑症的研究已有近百年的历史了，对可能引起焦虑症的原因也作了许多研究，但直到今天，确切的病因仍然有待研究。后来，精神分析的创始人弗洛伊德从精神分析的角度发表观点，他认为：造成焦虑症的主要原因是内心过度不平衡的冲突，而冲突的来源是自我不能在本我与超我之间保持良好平衡的结果。由于自我太弱，但是道德标准要求又过高，不能对来自本我的本能冲动进行适当的压抑，于是以焦虑的形式显现了出来。此外，童年时被长期压抑在潜意识中的一些心理体验，一旦因为受到特殊际遇被激发出来，也会成为意识中的焦虑。

梅梅和丈夫结婚有一年了。丈夫平时因为工作需要应酬比较多，经常半夜带着酒气回家，因此她总担心丈夫会出轨。后来，她发现丈夫与单位的一位女同事交往频繁，便大吵大嚷，丈夫再三向她解释，她仍疑虑重重。之后，她还请了一位私家侦探，调查丈夫的行踪。虽然并没有发现丈夫有越轨行为，但她仍然不放心，整日胡思乱想，心神不宁，后来渐至失眠、头晕、注意力分散，严重影响了自己的生活和工作。她为此也非常苦恼，明知道是自己疑心太重，但就是无法控制自己，有时甚至彻夜不眠，对丈夫也很苛刻，经常乱发脾气，无理取闹，要求丈夫百依百顺，否则就大吵大闹。无法忍受自己的梅梅最后走进了心理诊所，希望通过治疗摆脱困扰。

心里医生了解了梅梅的症状以后，断定梅梅患有轻度焦虑症。

偶尔的焦虑是很正常的，这并不等于焦虑症。就像是一位职员离上班还有十几分钟就迟到了，现在路上还堵着车，而恰好昨天单位领导刚刚强调了要严抓考勤纪律，这时候他焦躁、着急、坐立不安，属于正常的现象，是正常的情绪反应。如果一个人平白无故的、没有明确对象和原因就焦急、紧张和恐惧，并且总是感觉将要有某些威胁即将来临，但是自己却说不出究竟存在何种威胁或危险，这种情况就可以称为焦虑症。

焦虑症在各个国家都十分常见，现已成为西方发达国家最常见的心理疾病之一。焦虑症的发病年龄大多在16～40岁，20岁左右发病率较高，老人及儿童也常有焦虑症发生。我国流行病学抽样调查的结果显示，焦虑症患病率为1.48%。

可以说，焦虑症像空气一样弥漫在我们的周围，挥散不去，让我们无所防备，甚至习以为常。同时，它又像寄生虫，不断地吞噬着我们的健康和快乐。它用悲观、抑郁、恐惧和怀疑来过滤掉我们生活中所有的温馨时刻，把所有幸福从我们身边剥离。

但是这并不是说焦虑症就有多可怕、是不可治愈的。为了帮助人们正确地认识和治疗焦虑症，心理医生给人们提供了一些不错的建议。首先要乐天知命，不攀比，不嫉妒，知足常乐。其次是要时刻调整自己的心理状态，保持情绪稳定，不可大喜大悲，要心胸宽广，凡事往好了想，让自己的主观思想能够适应客观发展的现实。

小贴士

其实轻微焦虑症，完全可以依靠个人的努力来消除。当开始焦虑时，要意识到这是自己的焦虑心理在作怪，正视它，不要用自认为合理的理由或客观情况下的不如意来掩饰它的存在。

正视恋物癖的存在

恋物癖是一种因为对社会适应不良而产生的变态人格。恋物癖者基本上只出现在男性人群中，他们对直接与女性身体接触的、带有特别触感或者特殊气味的物品，比如女性的文胸、内衣、内裤、丝袜或者头发等都非常喜欢。为了能够满足自己这种非正常的习惯与新奇，他们不惜用非法的手段盗走这些东西。

总结恋物癖产生的原因，一般有如下几种可能：第一，习惯导致的结果。大部分患者的问题都与环境影响以及性经历有关，若是最开始性兴奋的时候，偶然情况下接触了某一种物品，之后又反复几次接触过，就会形成一种条件反射。甚至有时候只需要一次深刻的印象，就能够产生心灵上的依赖，而这种情况一般发生在青春期。第二，社会环境的影响。中学时期，男女接触机会比较少，这种情况总是让他们将自己的性冲动发泄到一些能够象征异性的物品上面。最开始可能只是偶然间获得了异性的物品而感到兴奋，时间长了就会成为一种习惯。第三，性心理发育异常。这一类患者一般都会具有性心理异常的特点，他们潜意识里经常会担心自己的生殖器被阉割，因此他们更愿意去寻找一种更安全并且可以获得的性行为对象，或者通过将异性身体的一部分或者饰品当作性器官，来缓解心里的不安。第四，缺少性知识。意识存在一些问题或者出于好奇心理也容易形成恋物癖好。

长虹小区是A市中高档的住宅小区，安保工作一直做得不错，但是最近却接连发生一系列很奇怪的事情，先是上周一，三楼的伍女士家晾在阳台的一件内衣不见了，接着周二，和她家一个楼层的毛女士家晾在阳台的内衣也不见了。本来伍女士丢内衣的事情，毛女士也是知道的，但是大家都以为是内衣被风刮到楼下就没当回事。可紧接着毛女士也丢了东西，这实在是不能不让人注意了。就在她们报警，警察前来调查的时候，住在二楼的党女士的内衣也被偷了。

这下所有的住户都不再觉得事不关己了，纷纷要求物业迅速查清此事。事情一下子变得严肃起来。最后警察通过反复观看监控和询问相关证人，终于锁定了目标嫌疑人同住在另一个小区做编程工作的龚志先生。

警察闯进龚志先生家的时候，从他家搜出了大量的女性内衣和丝袜。事情查清楚后，大家都在背后指指点点，同时也十分不解，作为一个算得上是高薪一族的龚志先生为什么会做出这么变态的行为。

警察了解到，龚志先生是做电脑编程工作的，因为性格孤僻、拘谨，而且十分敏感，所以除了工作，并没有什么朋友，今年35岁了还没谈过恋爱，有一次在杂志上看到内衣模特，忽然产生了想了解她们的冲动，一次性网购了很多女性内衣，觉得特别满足，所以才偷走了三位女士阳台上的内衣。他偷伍女士的内衣的时候就懊恼过、为自己的行为不耻过，可是冲动一来，他又控制不住了，又接连偷了毛女士和党女士的内衣。心理医生根据他的这种行为断定，龚志先生其实是患了恋物癖。

恋物癖患者平常大部分都不太爱说话，行为拘谨，举止内向，但是品行很好，没有什么劣迹或者流氓的行为，在学习或工作中还可能是非常优秀的人。虽然偷取女性物品会扰乱社会治安，还肯定为他们带来法律的制裁以及道德谴责，但是他们依然无法克制自己的行为，甚至多次被抓后仍然不知收敛，无法控制自己，因此，他们的内心也经常处于自责、痛苦、矛盾、抑郁、孤独与自卑中。

恋物癖患者最重要的就是拥有矫正自我异常行为的信心与决心，不能因为自己的喜好无法说出口就产生自卑与逃避的心理。应该加强自身道德修养，主动去参加有益于身心健康的交际活动，尽量少接触容易引发性冲动的物品，少接触带有色情内容的电视节目。恋物癖患者大部分并不会产生偏执、不合作、攻击别人或者反社会的人格异常，大部分都是愿意去纠正的。因此，作为患者的朋友、家人或者老师都应该耐心引导与教育他们，帮助他们对性有正确的定位与认识，了解正常的性行为与性心理，认识恋物癖对社会或者对自身产生的危害，指引他们建立正常的两性关系。若是可以和一个理解他、体贴他的女性确定正常的恋爱关系，也能有效地帮助恋物癖患者矫正自我。

小贴士

恋物癖本来是一种心理障碍，但是因为人们的过度解读，而把这类人当成了变态，因为社会的不包容，导致恋物癖患者的生活很艰难。其实作为家人、朋友，应该积极配合心理医生，帮助恋物癖患者治疗；作为普通大众，也不要对他们充满歧视，应该学会包容。

心理学与情绪：别被坏情绪影响，你本可以很快乐

你觉得你的生活是你要的吗？你每天生活的快乐吗？如果你的答案是否定的，你想过其中的原因吗？快乐生活是每个人都想要的，但就是有些人，他们似乎天生跟快乐无缘，有太多的情绪、障碍、怨气牵绊着他们，让她们情绪无常，怎么也快乐不起来。其实，上帝是公平的，每个人都会有被阴天笼罩的时候，只是快乐的人知道如何转换角度，让自己快乐起来罢了！

情商指数越高，幸福指数越高

情商（EQ）又叫做情绪智力，主要指的是人在情感、情绪、意志力、耐受挫折等方面的品质。1996年，情商的创始人沙洛维与梅耶教授将其界定为对情绪的知觉力、表达力、分析力、评估力、转换力、习得力、调节力，包括自我情绪控制的调整能力、对挫折承受力、对人亲和力、人际关系处理能力、社会适应能力、自我了解程度以及对别人的理解和宽容等。

美国心理学家表示，情商主要包含对自我情绪的认识能力，对自我情绪的妥善管理能力，自我激励能力，对他人情绪的认知，领导与管理能力。因此，我们可以发现，情商存在于生活的每个方面，但是归根结底，它反映的是一个人在日常生活中和自己、和他人的交际能力。因此，一个人若是擅长控制与掌握自己的情绪，那么他将是一个幸福的人。换言之，一个人的情商指数决定了他的幸福指数。

肯尼的家里面是做餐厅生意的，肯尼经常到爸爸的餐馆玩耍，有时候也会帮餐厅做一些力所能及的事情。例如，帮忙给客户邮寄餐厅的一些收款和付款的账单，时间久了，肯尼觉得自己也是一名小商人了。

一天，肯尼突发奇想，想到了一个可以从妈妈那里争取更多零花钱的好主意。他按照餐厅开给客户的账单的样子，开了一张收款账单给妈妈，目的就是为他每天帮妈妈做的事索取报酬。

妈妈很快就收到了邮局寄来的账单，妈妈打开账单，发现上面写着：妈妈欠肯尼的款项：

帮助晒被子　10美分

去爷爷家送东西　20美分

帮助妈妈打扫花圃　20美分

照顾弟弟妹妹吃早餐　20美分

我一直是个很听话的孩子　20美分

共计：90美分

肯尼的妈妈仔细地阅读了一遍后，马上给肯尼回复了一封信，当然，信里也毫不例外地有一份账单。

晚上，小肯尼在他的餐盘旁边果然看到了90美分，他为自己想到的这个好主意感到十分骄傲。可是，正当他准备拿着钱回到自己的房间时，发现了餐盘旁边妈妈提前放好的给自己的信封。他把信封打开，发现了妈妈给自己的账单：

肯尼生病的时候，悉心地照顾　0美分

每天接送肯尼上学、放学　0美分

每天为肯尼准备可口的便当　0美分

为自己一直是个慈爱的母亲　0美分

共计：0美分

肯尼读着读着，很快便感到羞愧万分，满脸通红。过了一会儿，他悄悄地来到妈妈的房间，偷偷地将那90美分放到了妈妈的衣服口袋里。

肯尼妈妈的做法，就是高情商的一类人中很好的范例，她并没有直接发火，指责儿子不懂感恩，而是以一种很巧妙的方式让孩子认识到父母无私的付出。

不管是在工作上还是生活中，一般成功人士的情商都比较高，因为融洽的人际关系是成功的基础，人际关系的融洽才可能实现自己的人生目标。卡耐基曾说过："一个人能够成功，专业知识只占15%，但是他的处世能力与良好人际关系却要占85%。"

事业有成的人不一定是幸福的人，但是幸福的人，必然很成功，他们总是可以保持积极健康的心态，用理智驾驭自己的情绪。除了掌控自己的情绪，他们还能敏感而及时地发现别人的情绪，善于察言观色，理解他人感受。在人际交往过程中，他们总是一副八面玲珑的样子，不管在哪里，都是万众瞩目的对象。这种人也许没有钱，也没有权势，但是当他们遇到困难挫折的时候，总会有人挺身而出，帮助他们躲过生命的激流。

小贴士

有人认为，情商高是天生的。诚然，部分人生来就善于掌控自己以及他人的情绪，然而，情商也是可以后天锻炼的，加强自我控制能力，多去了解他人，培养洞察力，相信你也可以成为一个高情商的人。

别像海格力斯一样，被"仇恨袋"挡住方向

在生活中，我们经常听到这样的言论："如果你不让我好过，我也不会让你好过。"说者咬牙切齿，听者毛骨悚然。在人际交往中，这种"以其人之道，还治其人之身""以牙还牙、以血还血""你让我过不去，我也不能让你痛快"的心态常常会让仇恨越来越深，而这种心态被称为心理学上的"海格力斯效应"。

在希腊神话里，有一个叫海格力斯的大力士。有一天，他走在崎岖不平的路上，发现脚边一个鼓起的袋子，袋子长得很丑，于是他下意识地踩了一脚。

但是让海格力斯万万没想到的是，袋子不仅没有被他踩烂，反而成倍长大了。这画面立马惹恼了海格力斯，他找到一根碗口粗的木棍挥向了丑袋子。没想到，袋子不仅没有被砸烂，反而更加膨胀。直到最后，连海格

力斯的路都给堵死了。海格力斯发现自己根本不能拿这个袋子怎样。

就在他抑郁不解之际，有位圣者朝他走来。圣者对海格力斯说道："大力士，你是砸不坏这个袋子的，这是一个'仇恨袋'。如果你不去惹它，它就会非常小，但是如果你先去招惹它，那么它就会慢慢膨胀，与你誓死对抗。你还是赶快远离它，另找一条路走吧！"

海格力斯恍然大悟，感谢了圣者，转头寻找其他的道路去了。没过多久，"仇恨袋"又变成了原来的样子。

在生活中，到处可以发现海格力斯与"仇恨袋"的影子，你打了我一拳，我必然要还你一脚，你吐了我一口口水，我也会用更可怕的方式对待你……于是，两人就陷入了没有休止的仇恨报复之中。直到因为仇恨让两人都疲惫不堪时还不忘互相叫骂。许多人认为，若是在相互诽谤与诋毁的过程中一旦退让就丢失了脸面，只有吵得面红耳赤，甚至大打出手，才能分出高下。如此一来，仇恨就变成了拦路虎，挡住了所有人的前进之路。

张三和李四同是一家公司的业务员，张三擅长实务，李四擅长谈判，本来是公司里面最让其他业务员羡慕的好搭档，但是最近却不知因为什么原因两人都被解雇了。

原来两人合作每次负责谈判的都是李四，所以和客户接触最多的也是李四，自然而然，客户在老板面前谈得最多的也是李四。所以什么功劳都记李四身上了。张三一开始也觉得不公，但是后来看李四每次也会在老板面前特意说是两人的功劳，而且两人私下也是好朋友，所以也就不计较那么多了。

最近因为前业务经理外调，老板说要从他们这批业务员中提升一个。大家私底下都说，最有可能的就是李四了，这下张三是彻底不高兴了，"凭什么啊，明明是两个人的功劳，就因为他会说所以就是他？"张三越想越气愤，一气之下在最近的一次业务中给李四使了绊子，没告诉他新产品最关键的优势，结果李四因此丢了这个客户，没有当上业务经理。老板知道了此事后，以恶性竞争妨碍正常工作为由把他们俩解雇了。

这种损人不利己的行为应该是世上最愚蠢的行为。然而，还是有许多人争做这种愚蠢的傻子，而不想放弃心中的仇恨。日常交往中，一些摩擦、误解与恩怨在所难免，但是如果一直把"仇恨袋"扛在肩头，那么最后，一定是在堵死对方路的同时，也埋葬了自己的前途。

如今，懂得了心理学上的"海格力斯效应"，你就应该对自己的行为重新作出判断，看看自己做的事情是否值得。如果你觉得有小人正准备算计自己，不妨绕道而行，切记，放过别人其实也是放过自己！

小贴士

人的一生很短暂，如果我们总是把精力放在如何绊倒别人上面，那么不只害了别人也会害了自己，害人害己说的就是这个理。与其把时间浪费在和别人的钩心斗角中，不如放下仇恨，带着爱和宽容，让自己每天都生活在阳光下。

热情是生活中必不可少的"活力素"

美国自然科学家、作家杜利奥曾经说过：没什么比失去了热情更让人看起来垂垂暮已，而如果精神状态一旦处于不佳的情况，那么周遭的一切都会处于不佳状态中。这就是著名的杜利奥定律。

心理学家认为，乐观能够让人常处于轻松、自信的状态，并且精神饱满，情绪平稳，对外界不会产生过分的苛求，对自己也会有比较客观的评价。乐观之人即使遭遇了不幸与挫折，也比其他人更容易看见光明的一面，并且寻找到失败背后的价值与意义，而不是怨天尤人，或者轻易放弃。

　　一个人的心态是积极还是消极，直接决定了他的生活是光明还是灰暗。乐观的人到不穿鞋子的非洲人那里推销鞋子时会说："这里多棒，大家都不穿鞋，多大的商机啊！"而悲观的人则会说："天哪，这里的人根本不需要鞋子，我却为了把鞋卖给他们跑了这么远，真是愚蠢至极！"

　　美国作家爱默生曾经说过："一个人若是缺少了热情，是不可能做成什么事的。"同时，他还这样说："生活中的趣味来源于生活本身，而不是依靠你从事的工作或者地点。"不难发现，一个人的热情可以改变生活，而并非被生活改变。因此，不管什么时候都不能丢弃自己对待生活的热情，不然你的生活就是一片荒芜，毫无乐趣与生机。

　　有个国王想从两个儿子中选一个继承人，于是他给两个儿子一人一枚金币，让他们到十公里外的一个集市上买一样东西回来。但是国王并没有告诉儿子们他已经事先叫人把他们放硬币的口袋减了一个洞。

　　几个时辰过去，两个儿子都回来了，大儿子闷闷不乐的，看上去很沮丧；小儿子却兴高采烈的，跟捡了宝似的。国王先问大儿子，一路上发生了什么，大儿子很郁闷地说："金币丢了，我白跑了一趟。"说完气呼呼地喝水去了。

　　国王又转过身问小儿子路上发生什么事了。小儿子很兴奋地说："我用金币买到了一笔无形的财富。"国王心想这很明显就是为了给自己丢钱找台阶下，是在撒谎，国王虽然很生气，但仍旧接着问道："这笔财富是什么呢？"小儿子说："这个财富就是一个很好的教训：在把贵重的东西放进衣袋之前，要先检查一下衣兜有没有洞。"最后小儿子当了继承人。

　　面对同一件事情，两位王子因为心态不同，所以看事情的角度也完全不一样，最后得到的结果自然也就千差万别了。事实上，每个人之间的能力差距是非常微小的，但是人与人之间的心态是千差万别的。感觉幸福的人都有这样一个共同点，那就是对自己的生活充满热情，做什么事都保持着积极向上的心，乐观地面对人生带给他们的每一项挑战。成功的人在其成功之前也都是芸芸众生里的一名普通人，但是他们的热情帮助自身全情投入到每一件事中，也正是这种热情打动了"幸运之神"，从而迈向成功。

若是一个人能够保持淡然、祥和、感恩与乐观的心态，避免不满、怀疑、嫉妒与愤懑等坏情绪，那么这个人积极思索的神经就更容易被激活。态度决定心情，时间一久，身体也会越来越健康，免疫系统也会更加强健，积极思考的神经系统也会更加发达，其想法就更加乐观。只有勇敢直面困难，持之以恒地努力，就如马克思所说的："科学的道路并不是平坦的，只有那些敢于在崎岖道路上攀爬的人，才有可能到达光辉的顶点。"用乐观而勇敢的心态来面对眼前的不利情况，当被他人误解的时候，学会宽慰自己，亦用乐观的心态看待一切，提起勇气，稳扎稳打，努力拼搏，培养乐观的心态，凡事多想好的方面，才能保证心理健康，获得幸福人生。

小贴士

热情指的是对生活的一种态度，而不是一种盲目的乐观。我们知道，生活如同逆水行舟，处处都是艰辛和磨难。只有积极地去面对，抱着对生活的信念和热情去创造财富和事业，生活才会回馈你幸福和快乐。而消极的心态，只能把生活中的苦难、困难扩大，即使机遇就在身边，你同样熟视无睹，对生活感到乏味与失望。这样的生活态度，幸福与快乐又怎么可能眷顾你呢？成功，也只能是天方夜谭！

既要拿得起，也得放得下

人作为一种高级动物，只能自己为自己增加烦恼与负担。"世上本无事，庸人自忧之"，人世间诸多痛苦都是因为自身的觉悟太低，虽然也有外界因素的影响，但是我们感受到的压力与繁忙却是我们自己选择的。关于"减负"的口号，学生已经喊了很多年。而我们也得学着给自己减负，明白什么事情是应该拿起来的，什么事情是应该放下的。解答人生这张问卷时，我们每一个人都还是个学生。

拿起来简单，放下困难。很少人面对成功可以不变不惊、淡然受之；也很少有人可以面对失败坦然潇洒，一笑而过。

老和尚带着小和尚一起到山下去化缘，路过一条小河的时候，师徒俩看到河边有个年轻曼妙的女子，看上去也要过河，但却迟迟没有行动，一直在那焦急地走来走去，眼看着山雨欲来，要是一会儿下雨，河水上涨，他们就谁也过不去了。想到这儿，老和尚走到女子身边，没经过她的同意，便背着她过了河。到了河对岸，老和尚放下女子，带着小和尚继续往前走。

小和尚一直看着这一幕，他对老和尚的行为感到十分耻辱，因为老和尚的行为犯了佛家的大戒。一路上，小和尚都气鼓鼓的，一句话也不跟老和尚说。直到晚上，他们回到寺庙，小和尚发现老和尚仍旧没有丝毫悔意，实在忍不住，气愤地指责道："师傅，色乃佛门大戒，你怎么能背一个女子过河呢？"

老和尚没有辩解，只是语速平缓地回道："我已经把那个女子放下了，真正没放下的是你啊！"小和尚听了，知道是自己修行尚浅，便不再回话了。

这则故事讲的就是佛门中著名的"拿得起，放得下"的禅理。事实上，不光悟道是这样，为人处世也应该是这样。不仅要拿得起，更要放得下。仔细思索，生活不就是来回徘徊在"拿得起，放得下"的过程中吗？有些人放不下权力，有些人无法放手金钱，有些人放不下心中的执念，有些人放不下一己私欲……因此，只有懂得了"放下"的重要性，才会真正地获得人生的快乐！

"菩提本无树，明镜亦非台。本来无一物，何处惹尘埃。"如果说人心就像一面明镜，那么同一件事物，在不同人心中映射的内容是不一样的。如果一个人心中牵挂太多，不懂得放下，他的心灵是灰暗的。不论是开心的事还是不开心的事，都会装在心里，而你的心灵也会像未经修剪的杂草一样乱糟糟的。那些不开心的回忆以及不好的情绪就充满心头，使人看起来整日萎靡不振。因此，清扫心头的尘埃，放下应该放下的事情，让阳光洒入心间，生活自然就明亮了起来。将心中的痛苦赶出，才会有更多的地方盛放快乐。

懂得刚柔相济之人，任何时间都明白放下的道理，总是可以适当地放弃所有，放下自我。心理学家曾经做过这样一个实验：让100个年轻人去做同一件事，一半人让其做完，另一半人则在做的途中被勒令停止，结果发现，很长时间过后，被迫停止的人依然对这件事耿耿于怀。

上述说明，人们对于自己想做但是没有完成的事情总会长久地无法放下，但是事实上，这种放不下对我们没有任何意义，因为事情已经过去了，即使挂在心上也不能解决任何问题，反而造成自己情绪不佳。因此，懂得刚柔并济，才有可能让自己获得快乐。

小贴士

执着和偏执从某种意义上来说，其实是一样的，都是一种坚持，只不过执着是有意义的坚持，而偏执是无意义的坚持。其实执着与偏执之间的差别并不是十分显著。它们之间分寸的把握关键还是看个人是否能审时度势。人这一生有很长的一段路要走，而"学会放下"正是那个让你在这漫长人生路上走得更加轻松、自在的法宝。其实退却是为了更好地前进，放下也是为了更好地进取。当你愿意将名利、虚荣放下，勇敢面对失去的时候，你将会以更加坚定和成熟的心态去迎接生活的挑战。当然，在"放下"的同时，还得付出加倍的努力才行，这样，预期的目标才能实现。

莫用别人的错误惩罚自己

心理健康学认为，心理和生理的划分并非绝对，而是相对的，所以心理与身体是一体的，生硬地将其分割开显然是不对的。人的心理变化会对身体造成无法预料的影响，而不良的情绪、太爱钻牛角尖、违反自然的观念，都极有可能导致人体内气血的循环不良，给人的身心带来一定的痛苦，严重的甚至会导致器质性病变。

这其实并不难理解，当一个人心情不好时，他的身体往往也会随之出现一定的不适；当一个人的身体出现问题时，他的心情也会随之发生改变。医学家更是断言："救人要先救心，治病却治不了命。"其实，改变命运最先要改变的就是自己的性格和脾性。性格决定命运，而性格又是和人的心理分不开的，性格和心理改变了，就可以改变命运。

天刚蒙蒙亮的时候，沙漠里有个商人正做完生意走在回去的路上，天越来越亮，沙漠里的温度也持续走高，商人越走越热，终于热得不耐烦了，停下脚步，打算喝一口水，结果手上太多汗，实在太滑了，像生命一样珍贵的水就这样洒了。

商人气急败坏地扔了手里的东西，狠狠地在水瓶上踩了一脚。结果水瓶踩碎，几块玻璃渣扎进了脚里面，商人一肚子气不知道该往哪发，又狠狠剁了一下脚，谁知这一脚踩下去，商人的脚底直接被玻璃渣划开了一道口子，商人疼痛难忍，但是仍不得不一瘸一拐地继续前进。

沙漠里的秃鹫闻到商人留下的血腥味，一路尾随着商人，商人大惊，只好疾速奔跑，等他发现自己跑到食人蚁的洞穴时，他已经筋疲力尽，动弹不得了。临死前，商人在心里绝望地喊："我为什么要跟这本来就这么热的天气过不去呢？"

商人直到临死才醒悟，沙漠的天气本就是这样，自己跟它较劲本身就是十分可笑的，只是很可惜，已经晚了。不难发现，生活中很多人都是这样，往往为了一件根本不值当生气的小事大发雷霆，等到事情过去，心静下来了，又开始后悔自己不该那么冲动。

俗语说：一个愤怒的人只会破口大骂，却看不见任何东西。生气会暂时蒙蔽人的双眼，导致人们做出违背常理之事。因此，任何时候你都要学会三思而后行，要懂得生气是不好的，是一种具有破坏性的情绪，倘若让它蛰伏心中，它就会伺机操纵你的生活。

古时候，有个脾气特别暴躁的人，只要是他脾气上来了，方圆十里没有他不破口大骂的人。街坊邻居都十分恨他，许多人都通过跟他对骂来发泄自己的愤怒。但是并没有用，你越骂这个人越起劲，丝毫没有收敛的意思。

一天，这个人的孩子把家里的一个土瓷碗摔破了，他气得对孩子大骂起来，骂得不过瘾，又来到隔壁对着新来的邻居破口大骂，但是骂了半天，直到他累了也没见有人出来回应他。第二天，他又站在邻居门口骂人，邻居依旧没出来，如此坚持了几天，这个人终于在门口堵住了要出门的邻居。

"喂，我骂你你怎么都没反应啊，不会是傻子吧？哈哈哈哈……"这个人出言挑衅。

"如果你送礼物给别人，而那个人没接受，那么这件礼物最终会落在谁手里呢？"邻居看不回应今天走不了了，便问道。

虽然觉得邻居的话莫名奇妙，但是这个人还是没好气地答道："当然在我自己手里了。"

"这就对了。你在我家门口骂我，我不回应你，那么这些怨气不还是要回到你身上吗？"见这个人被噎得没话说，邻居又拍了拍他的肩膀，诚恳地说："气大伤身，你伤害的其实是你自己呀！"

错在对方，邻居其实完全可以像其他被骂的人那样回骂过去，但是他没有这样做，因为他知道骂回去并不能改变什么，反而会让自己跟着不痛快，所以他选择原谅对方，任何时候，都要学会原谅，既要原谅自己，也要懂得原谅他人，不用自己的"过错"折磨自己，更不要用别人的"过错"来惩罚自己。

小贴士

气大伤身，不管什么时候，我们都没必要用别人的错误惩罚自己。最关键的是，生气并不能解决任何事情，与其把时间花在生气上，还不如静下来，思考一下，怎么把问题解决了。

适时调整自己的紧张情绪

现代生活日新月异，我们日渐感到力不从心。不管是在职场还是在家中，都好像被压在一座无形大山之下，让我们苦不堪言。然而，人们的精力始终是有限的，常常是顾此失彼。

但是生活还要继续，我们没有权利逃避。时间一久，我们的脾气就会越来越差，动不动就大发雷霆，还会顺手拿起手边的任何东西砸向目所能及的所有不顺眼的东西。老板的挑剔，亲人的抱怨，朋友的疏远，都是让人焦躁不安的因素。世界如此大，但是却没有让自己躲起来的空间，世界上有这么多人，却没有一个能够真正理解自己的。

事实上，大家都认为身边的事物在改变，那就真的是在改变；但是周围的事物只有你一个人感觉到变化，其他人并没有这种感觉，那么只能说改变的是你自己，而不是外界因素。而这一切都是由于你的内心过于紧张。

许烊是一家广告公司的策划，因为工作的需要，许烊已经习惯了每天都要熬夜到两三点的生活了，可是今天早上上班不知怎么的，她老觉得自己提不起精神来，看电脑上的字也有点模糊不清。但是她一想，年底的广告招商会开办在即，容不得自己有误，便赶紧甩甩头，做起了新一轮的策划。

老板知道，在策划组，许烨的能力最强，便将招商会的重担全交给了许烨，希望她全权负责。许烨知道这对她是个难得的机会，所以很卖力，几乎是不眠不休，赶在周五前交上了策划案。

但是周一早上，许烨刚放下早餐，就被老板叫进了办公室。"你这份策划我看过了，没什么大的问题，但还是有些小细节需要改改，我都给你标出来了，你拿回去赶紧再改一下。"

许烨什么也没说，拿着自己辛苦写出来的策划案，回到了座位上。看着满篇都是疑问，几乎被全盘否定的策划案，许烨感觉自己的脑袋都要炸开了，再看看老板的标记，许烨的整个神经都紧绷起来了。此刻，看着桌上刚买来的正泛着油光的早餐，许烨忽然感觉很恶心。

许烨努力压下恶心的感觉，扔掉了早餐，开始专心投入到修改策划案的工作中。"你是怎么回事，不是让你按我标的改吗，怎么越改越烂了？"老板看着许烨第二次交上去的策划案气愤地指责道。许烨看着被老板扔在桌子上的策划案，只觉得一阵眩晕，这可是自己一周的成果。

许烨开始失眠了，别说写策划，就连坐车回家她都觉是晕乎乎的，总觉得头上有一顶千斤重的帽子正压得自己喘不过气来。第二天上班，老板来不及等到许烨的新策划就把策划工作交给了别人，只给了许烨一个不痛不痒的职务，眼里的失望十分明显。这之后许烨的表现更糟糕了，她开始失眠，白天也是忧心忡忡，感到很紧张，总是担心周围人异样的目光。做工作也集中不了精神，脾气也越来越暴躁了。

这样持续了一周之后，许烨终于撑不住，跑到酒吧一醉方休，终于不再失眠而是一觉睡到了天亮，第二天起床，朋友实在不愿见她这样消沉下去，于是带她去了游乐园。一圈游乐项目玩下来，许烨虽然肉体受了不少折磨，但是心却轻松了不少。

案例中的许烨显然是被那份策划案和老板忽然转变态度弄得太紧张

了，以至于焦躁不安、人心惶惶。假如你在生活中也像许烊一样，觉得神经紧绷、总是焦躁不安，一定不要忽视这种心理的变化，适时地给自己放个小假，放松一下心情，调整好自己的心态再积极面对生活的挑战。

紧张并非"一无是处"。心理学研究表明，人们的心理紧张系数和工作学习效率呈倒"U"形曲线关系，适当的紧张心理可以良好地促进人们从事的活动，帮助人们提高注意力，并且排除干扰，打起精神迎接生活中的每一次考验。然而，如果紧张过度，就容易产生水满则溢的效果，不仅对工作、学习效率不利，还会使身心健康受到影响。所以一定要掌握好度，既不能太过松弛，也不要让自己绷得太紧。

小贴士

大多数紧张都是由于缺乏自信产生的。适当的紧张可以成为我们的良师益友，可以帮助我们全神贯注于自己的工作。因此，如果我们感觉紧张，要学会控制与缓解因为紧张而产生的坏情绪。这时，你可以试着展开积极的自我对话，思索自己紧张的原因。也可以去郊外走一走，呼吸新鲜空气，这种方式对于排解压力非常有帮助，因为运动本来就是放松自己，减少压力的好办法。

别做传递坏情绪的人

坏情绪会从金字塔的顶端扩散到最底端，而最底端那个最小的元素，无处发泄情绪的"猫"就变成了最后的受害者。这一现象就是心理学上的"踢猫效应"。"踢猫效应"在日常生活中非常普遍。许多人被人批评后，并不是冷静地分析自己受批评的原因，而是让自己的坏情绪不加控制地外延，蒙蔽自我心智，只认为自己心中不舒服，感觉只有找个人发泄一下心里的怨气才可以平复心中的怒气。

事实上，被批评后，人的心情肯定不好，这是可以理解的，但是需要清晰地认识到，批评后产生的"踢猫效应"不但不能解决问题，反而会引起更严重的矛盾，也是一个人未接受批评，不正确认识自己错误的表现。

如今生活节奏越来越快，人们一边享受现代生活的便利，一边也面临着越来越大的压力，神经长时间处于绷紧的状态，就像一根拉满的弓弦，稍微用力就容易崩断。在这种高压下生活，人的心理承受能力也越来越接近崩溃的边缘，稍有不顺心的一点点小事情就能让他们的情绪大起大落，怒火就像喷发的火山一样烧毁一切，四处蔓延。

肯尼是一家连锁餐厅的老板，一天，他刚上班就看见自己的秘书琼斯坐在那生闷气，依照肯尼对秘书的了解，他知道这位秘书一定又是在哪个部门经理那受了委屈。肯尼不动声色地走到琼斯的桌前，把她叫进了自己的办公室。

"琼斯，大早上的这是发生了什么事让你这么生气？说出来，或许我可以帮你出出主意。"

琼斯听了，像是找到了倾诉的出口，大声说道："还不是那个不讲理的采购部经理，我刚进公司，他便骂了我一顿，最可笑的是，他只是为了发泄愤怒而已，说的事跟我并没有什么关系！"

琼斯本以为说出来，老板肯定会帮自己平反的，但是等了半天，老板什么也没做，只是很平静地建议她写一封信，好好地"回敬"一下那位无理的采购经理。

"你可以在信里面狠狠地骂他一顿，好好发泄一下你的愤怒，让他也尝尝被骂的滋味！"

"对，您说得没错，我一定要大骂他一顿不可，他有什么权利就这样无缘无故地骂我呢？"

琼斯回到座位，立刻写了一封措辞激烈，满篇污言秽语的信拿给老板看。

老板看了，对琼斯说："写得很好，要的就是这种效果，把他好好地教训一顿。"肯尼一边说着，一边把信放进了桌上的搅碎机。

琼斯看到老板把信扔进了搅碎机，皱了皱眉，不解地问："您这是做什么？不是您让我写信的吗？怎么又把它扔进搅碎机？"

肯尼笑了笑说："难道你不觉得你在写信的时候，愤怒已经平息了不少吗？要是你觉得还没有完全消气，那就再写第二封吧！"

毋庸置疑，肯尼是位杰出的企业家，不然他不可能成为连锁餐厅的老板。在这件事情的处理过程中，他无疑就是利用了心理学上的"踢猫效应"。因为他懂得，倘若不让琼斯将自己的坏情绪发泄出来，他就会将其蔓延到一些无辜的人那里，这样下去，形成一条链条，这本该在他这里终止的"怒气"就会影响到更多的人。因此，肯尼选择成为他发泄的对象，并帮助他将怒气就此消下去。

日常生活里，每个人都并非独立存在，不管是周围的环境还是周围的人，都会影响自己的情绪。这些客观存在的事物作用在人们的感官导致的心理体验就是情绪。很明显，情绪也分好坏。好的情绪，可以感染身边的所有人，让大家都处于一种轻松愉快的氛围里。相反，愤怒、忧伤、厌烦与压抑等消极情绪也会影响身边的人，容易产生紧张、焦躁甚至充斥了敌意的气氛。这正是为何我们看到自己亲朋好友心情不佳，自己也会心情变差的原因。因此，在生活里，我们应该控制好自己的坏情绪，避免其变成平静的湖面上的石子，扩散开一波一波的涟漪。

小贴士

在生活中，在坏情绪驱使下的恶言恶语，正犹如一把利剑插入了别人的身上，即便剑拔了下来，伤口犹存。因此，任何时候都要学会控制自己的情绪，千万不要让自己成为坏情绪的传递者。

适时调整心理状态，让自己轻装上阵

美国芝加哥有一个霍桑工厂，专门制造电话交换机。与同行相比，这家工厂的医疗制度、养老金制度以及娱乐设施都差不多是最好的了，然而令人不解的是，工厂的员工却常常没完没了地抱怨工厂给自己的待遇不好，甚至影响工作效率。

为了寻找原因，美国国家研究委员会在1924年11月组织了一个调查小组，对霍桑工厂展开了一系列的试验研究，在这次研究试验里，调查小组设置了一个叫做"谈话试验"的重要环节。经历了两年多的时间，专家分别和工人们展开了深入的交谈，耐心听他们倾诉对工作环境与待遇的不满以及意见，并且把他们的回答记录了下来。

就在专家打算把调查结果交给工厂的高层领导时，他们发现了一件令人惊奇的事儿，在"谈话试验"之后，霍桑工厂里的工人们已经不再抱怨了，他们干活的时候更为卖力，工厂的工作效率在短时间里大幅提升了。

原来，对于工厂的各项规章制度、工作环境以及福利待遇等，工人们都有各种不满，这种不满因为没有及时地宣泄，经过长久积累后就变成了抵触与抱怨等负面情绪。而这种不满只要带进了工作，就容易影响工作效率。"谈话试验"恰好让他们找到了宣泄点，释放出累积在心中多年的不满情绪，从而感觉内心舒畅，干劲十足。于是，社会心理学家把这种奇特的心理现象称为"霍桑效应"。

生活里各种不幸与不满，总会令我们生出各种情绪和意愿。然而这些意愿里，最终可以实现的没有几个，于是，种种情绪又纷至沓来。对于那些没能实现的意愿与没有满足的情绪，一定不要硬生生将其压制住，而是努力寻找恰当的发泄方式，将其发泄出来。这样不仅对我们的身心健康有利，而且还可以提高我们的工作效率。这就是霍桑效应给我们的启示。

宣泄的目的是改善情绪，但要注意的是，如何选择宣泄的方式，不能随意将他人当作自己的"出气筒"。选取一个秘密的空间，把自己所有不好的情绪全部都宣泄出来，然后以一种全新的状态回到生活中，这才是令我们工作高效率，心情愉快的好方法。

周末，白小松将家里翻了个遍也没有找到丢失的银行卡，他近乎崩溃地瘫倒在床边。

一开始，因为没有找到银行卡，他有点恼怒，焦躁。渐渐地，他不再因为丢了银行卡而生气，而是开始和自己生气。事实上，丢失的银行卡里面并没有钱，只不过是他打开钱包时发现卡不见了，于是他开始在家里翻腾起来，甚至不去思考自己上一次用那张卡是什么时候。

事实上，丢了银行卡只是一个让白小松发怒的原因。接连两个月超负荷工作，让他感觉非常疲惫，再加上领导总是时不时找他茬，让他内心积累了许多无名火。在和女朋友见面时，他也是一张苦瓜脸，于是女朋友也经常和他抱怨，以至于当他发现卡丢了的时候，觉得自己的卡也跟自己有过节。

最后，功夫不负苦心人，白小松终于在床头柜和床的夹缝中发现了那张让他非常火大的银行卡。白小松拿着女朋友的修眉夹把那张卡夹了出来，并且掰碎了，狠狠丢进了垃圾桶里。

折腾了一个上午，白小松才发现自己有一种长久以来不曾感到的轻松。他坐在地板上，长叹了一口气，感觉肚子非常饿。于是他穿上衣服，在楼下饭馆点了两菜一汤，还给自己加了一罐啤酒，几杯酒下肚，舒爽的他整个人都要飘起来。

一张卡变成了无辜的牺牲品，但是它也成功地拯救了白小松长久以来失落的情绪，让他从不满、抑郁、愤怒中摆脱出来。合适的宣泄就好像给自己的心灵排了一次毒，可以让我们感觉到前所未有的快乐。

诚然，若是一个人可以对自己的情绪收放自如，那么人们会觉得他是一个有内涵的绅士，然而，即使是绅士也需要发泄。一直压制自己的情绪只会致使不良情绪无法得到宣泄，使人们的心中产生强大的压力，而这一压力若是超出了自己能够承受的极限，就会引起孤独、苦恼与抑郁等心理问题，甚至导致精神失常。因此，合适的发泄能够有效地缓解人们心中的压力。虽然有时候这种办法看起来和白小松掰碎一张卡一样幼稚。

小贴士

每个人都会有情绪紧绷的时候，因为生活中，谁都无法避免不如意的事情发生在自己身上，所以适度发泄自己的不满与烦闷，无可厚非。但是我们发泄不满的时候也要把握好"适度"这个底线，如果只是为了发泄不满，反而让自己陷入更大的困扰中，那么就有违缓解情绪的初衷，得不偿失了。

心理学与交际：打造社交好人缘，让你事半功倍

人是群居动物，在这个合作共赢的社会里，没有人可以完全孤立地活在世上。所以，与人打交道也就成了人生的必修课。如何与人交往是一门艺术，我们只有学习和掌握了与人交往的方法和该注意的问题，才能掌握交往的艺术，进而提高自己的交际能力，为我们在社交圈施展自己的能力奠定基础！

人与人之间交往越多越亲密

我们和陌生人交往的时候，总会非常拘谨，因此，更喜欢和熟悉的人交流。两人之间，由于物理空间的接近，见面机会增多，也就更方便熟悉。如此一来，为大家彼此之间的交往创立了客观环境条件。时间久了，人与人心灵上的空间被拉近了，彼此也更加熟稔。

俗话说得好："远亲不如近邻。"正是因为和邻居接触比较频繁，交往比较多，所以日渐熟悉；远亲因为物理空间隔得比较远，接触机会比较少，时间长了，关系就生疏了。这一现象，被称为心理学上的"邻里效应"。

1950年，美国三位社会心理学家针对麻省理工17栋已经结婚的学生的住宅楼展开了调查。这些楼房都是两层的，每一层包括5个单元的住房。住户都是随机住到某一单元的，某一单元老住户搬走，就有不知名的新住户搬进来。在调查过程中，所有的住户都被问过这样一个问题：在居住社区里，与你常打交道的最亲密的邻居是哪位？统计后的结果发现，随着居住距离的接近，交际次数越多，他们的关系越亲近。在同一层楼里面，与相邻住户交往的概率是41%，隔开一户后交际概率就变成了22%，隔开三家之后交际概率就只剩下10%。相隔几户，并没有增加多少实际距离，但是其亲密程度却表现出很大不同。

通过上述实验，我们可以获得这样一种信息，即如果想要和某人建立亲密的关系，就必须主动地和他经常接触，增加在日常生活中的联系。如此一来，随着两人交往的深入，彼此之间印象也会更加深刻。不管是友情还是爱情，都不可能发生在两个完全陌生的人身上。情感建立需要适度的空间距离，也需要合适的心理距离。

美莱是一家外贸公司的职员，在公司，美莱是个人人都羡慕的人，因为她不只长得漂亮，而且一进公司就当上了总经理的秘书，所以经常会有同事来恭维她。"你看看你多好呀，离老板最近，不像我们老板可能都不知道我们名字呢，你肯定是升得最快的。"

同事的这些话确实也让美莱高兴了一阵子。美莱家境优渥，父亲是商人，母亲是教师，美莱从小就长得十分漂亮，所以身边从不乏献殷勤的男生。在这样的环境中长大，又有这样好的外形条件，所以美莱从小性格就十分孤傲，不喜欢主动迎合别人，尤其是说一些好听的话。开始工作之后，她也知道应该和老板处理好关系，但她就是说不出口，本来在别的同事眼里很正常的话，到了她这儿，她就觉得这是趋炎附势了。

一开始老板还会率先打破沉默，主动和她聊天，说一说生活中的见闻。可是渐渐地老板便不再主动找她聊天了，就算说话也仅限于工作内容。办公室的气氛直线下降，美莱觉得很压抑，她很想主动打破沉默，但是话到嘴边就是说不出来，导致现在和老板的关系陷入了僵局。

美莱并不是不友好，也并不是不懂得与领导搞好关系的重要性，只是她多年的习惯让她无法在短时间内运用好"邻里效应"。工作中的同事跟我们的关系，比起邻里来要亲密许多，彼此间的空间距离有时短到只是一层挡板相隔。

很多人说自己不是不喜欢与人交往，就像案例中的美莱一样，只是自己很害羞。因此，很多年轻人并不懂得如何主动与人保持系。联事实上，与人交往很简单，只要你一句真诚的问候和招呼，彼此间的陌生感就会慢慢消融。

小贴士

对蕴藏于"邻里效应"背后的社会感染机制，我们应当采取分析态度，既要善于强化良性"邻里效应"，为自己与"邻里"双方扮演社会角色服务，也要注意防止恶性"邻里效应"对自己和他人的影响。

保持"跷跷板"的平衡

著名的社会心理学家霍曼斯曾说过这样一段话："人际交往在本质上是一个社会交换的过程，即相互之间给予对方想要的。"有的人将这种交换叫做人际交往的互惠原则。事实上，人与人之间的关系就和玩跷跷板一样，和平相处就可以保证彼此之间的关系可以一直友好地保持下去。只要两人之间的交换出现不平等，就会和跷跷板失去平衡一样，关系也就紧张起来。这就是心理学中出名的"跷跷板定律"。

许多人不能在日常交往中和人建立起正常的交际关系，就是由于不明白"跷跷板定律"。如果你只是一直想着自己的感受与想法，将他人感受抛之脑后，那么，时间一久，你身边的人就会渐渐离你远去。

心理学家还指出，"以自我为中心"也是人际交往里的一大障碍，它常会阻碍人际关系正常发展。以自我为中心的人，总是将自己的兴趣与需求放在第一位，只在乎自己的利益与得失，而别人的感受从不关心。不管何时何事，他们都只会站在自己的角度上去思考与理解，盲目坚持自己的态度与意见。因此，这种人最后基本都是孤家寡人，没什么真正的朋友。

胡泰毕业于名牌大学，上学期间更是获奖无数，毕业之后，胡泰出国留学了两年，拿到了硕士学位。回国后，胡泰顺利进入了一家五百强的企业上班，这一切都太顺利，让他不禁充满了优越感，想着进入公司自然而然会成为同事眼中的佼佼者。

但正式上班后，事情的发展却完全不是他预料那样的。公司的同事似乎并不买他的账，进公司一个月了，不仅没有人来向他这个高才生请教问题，而且大家好像还都在有意避着他，这就让胡泰在公司的人缘更加不好了。

一天下午，胡泰的同事李晓东因为爸爸妈妈从老家来这里看他，所以要提前离开去车站接父母，便拜托胡泰帮忙处理一下还没做完的事情。

"我晚上还有别的事，你还是自己做吧！"胡泰一口回绝了他。

"什么人呀，我上次还因为你女朋友来，和你换班了！"李晓东十分不满地说，最后还是另一个同事主动请缨，才化解了尴尬。李晓东十分感动，不仅和那位同事成了很好的朋友，以后有什么事也会主动帮忙。

这件事之后，关于胡泰的议论渐渐地多了起来，最后都传到了李泰本人耳朵里。"这都什么人呀，老是让我帮他带饭，我让他帮我顺便带一杯咖啡，他都不愿意。""他还经常指使我帮他印资料，跟个少爷似的，我又不是他下属。""完全不知好歹呀，这人，我都帮他接了好多次电话呢，但是他就在我旁边，我的电话响了，他也当没听见！"……

直到这个时候，胡泰才意识到自己在同事眼里原来是一个这么自私的人，而且他还发现，同事也都是高才生，根本不逊色于他，所以他根本没有什么好骄傲的。

从这以后，胡泰就像变了一个人似的，遇到同事会主动打招呼，他开始试着去了解每一位同事，只要有人需要帮助，他都会第一时间站出来。渐渐地，跟他打招呼的人越来越多，下班找他聊天的人也多了不少，周末同事出去玩也会叫上他。

有人认为，人生来都是自私的，只不过程度不一样罢了。但是心理学家认为，自私能够被划分成有意或者无意的。有意的自私是人的性格，比如那种喜欢占小便宜、斤斤计较的人，这种人的人生观、价值观已经被定位在自私的框架上，人格发生了扭曲。而那些无意的自私，则是缺少社交技巧的问题。

但是我们必须清晰地意识到，不管是性格因素，还是不会社交技巧，每个人在日常交际过程中，都必须意识到对等的重要性。人们的关系就像坐跷跷板，只有保证双方之间的平衡，让彼此都可以轮流翘起来，才可能继续玩下去。如果两者之间的平衡被打破，那么两者之间的关系也随之结束。这时，最明智的行为就是减少自己的"重量"，并且把减少的部分送给对方，以方便日后自己可以再次被翘起来。

小贴士

与人交往时，如果只是一味地想要得到，只会让身边的朋友渐渐离我们远去，只有遵循互惠原则，相互付出，我们才能得到平等的、完整的友谊。

第一印象是交往的关键

第一次和人交往的时候，一般从这个人映入人们眼帘的那一刻起，就形成了第一印象。在往后的交往过程中，人们对此人的第一印象会影响对其的各种评价。第一印象非常重要，在人们心里保持的时间也最长，这比之后得出的信息对整个事物发挥的作用要强很多倍。在社交心理学中，这被称为"首因效应"。

在社交活动里，第一印象特别重要。大多数时候，借助第一印象，我们就可以判断是否要和这个人深交。因此，在和人第一次见面的时候，如果多给对方留下正面而良好的印象，那么对方就更喜欢和你继续交往；如果情况相反，那么对方很可能再也不想与你有任何交流。因此，日常生活中一定不要忽略第一印象的重要性。

对于职场人士而言，面试是非常重要的事，也是人生的重要转折，许多成功的人生船舶就是从这里起航。如果表现很好，对方就希望能和你有进一步了解，如果是这样，你就有机会进入这家公司工作。如果第一印象不好，公司也会将你拒之门外。

小贴士

细节常常表现出一个人的习惯，习惯又体现了一个人的品位，品位则是衡量社交能力的重要标尺。而这一切都需要第一印象来体现，从细节处注意自己留给人的第一印象，你将收获更多的交际机会。

张全友是一家公司的人事部经理，临近年关，公司人员变动较大，张经理接到公司安排，在年前招聘两个业务员。张经理迅速安排秘书在网上发布了招聘广告，一周后，张全友从投简历的人中挑了两个人参加最终的面试。

面试当天，第一个到的是小姜，小姜有两年的业务员经验，但是学历不是很高。张经理和另一个部门主管第一个对小姜进行了面试。虽然面试过程中能看出小姜的羞涩与紧张，但是面对专业知识，小姜都对答如流，渐渐地整个人也自信了起来。而且小姜很有礼貌，就连对待倒咖啡的文秘也十分客气。张经理问了几个问题之后，便让人带他去实操室，考查他的业务能力。

趁着小姜离开的空当，张经理和另一个主管面试了第二个应聘者小刘。小刘正规名牌大学毕业，简历也十分华丽。刚进屋，小刘就对最后一个面试表现出了极大的不满，张经理极力地安抚了他一番。面谈中，小刘对自己的学历和获奖经历侃侃而谈，完全没有给张经理和另一个主管说话的机会。面谈结束，张经理还什么也没说，小刘已经不耐烦地一边看表，一边说："会录用我吗？不会的话，我就去下一家公司面试了，我可是很抢手的。"简直盛气凌人。张经理强忍着说了句："等通知！"

最后小姜被录用了。说实话，论学历、论能力，小刘都不在小姜之下，他输就输给了自己的骄傲自大，而他自己却全然不知。对于职场人士而言，面试是非常重要的事，也是人生的重要转折，许多成功的人生船舶就是从这里起航。如果表现很好，对方就希望能对你有进一步了解，因此，你就有机会进入这家公司工作。相反第一印象不好，公司也会将你拒之门外。

小贴士

细节常常表现出一个人的习惯，习惯又体现了一个人的品位，品位则是衡量社交能力的重要标尺。而这一切都需要第一印象来体现，从细节处注意自己留给人的第一印象，你将收获更多的交际机会。

要经常和朋友互相来往

1876年，心理学家费希纳在研究中发现，人们看到熟悉事物的时候，会生出一种如沐春风之感。在心理学上，这被称为"曝光效应"，也叫作"多看效应"、"接触效应"或"暴露效应"等，它表明人们更乐意看见自己熟悉的画面。在社会心理学上，这种效应被称作"熟悉定律"。

在日常生活里，我们常常产生这样的感觉，多年朋友因为太久没有联系，感情就会变得生疏，家中亲戚由于不住在同一座城市，加上缺少频繁走动，彼此之间的关系就因为空间距离而变得没有以前亲密了。我们日常所说的"远亲不如近邻"也正是这个道理，邻居之间从陌生到熟识，再到比远亲还亲近，就是因为彼此之间见面机会更多，接触更多，对品性更了解，也就更愿意交往。这种现象体现的就是人们的熟悉心理。因此，如果想要和某人向过往一样保持较为亲近的关系，就要经常走动，加强彼此之间的联系。

邓楠是一名超市收银员，韩美美在一家餐厅工作。邓楠是勤快的上海男人，而韩美美则是泼辣的四川妹子。但从两人的身份和背景来看，两人互不相识，是八竿子打不着的关系，但是最近他们却喜结良缘，成了一对甜蜜的小夫妻。

邓楠所在的超市就在韩美美工作的餐厅的对面街上，一次韩美美给餐厅的采购人员帮忙，一起去超市拉货，两人第一次有了交集，但也仅限于收钱、找钱，没什么深刻的印象。但是韩美美和同事去得次数多了，便开始对这个礼貌又不失风度的男人有了很深的印象，平时除了餐厅需要，自己下班也会拉着餐厅的小姐妹跑到超市去买点生活用品或者小零食，和邓楠乐呵呵地打招呼，时间久了邓楠也对这个乐观的女孩有了朦胧的好感。

一次，韩美美去超市买泡面当晚饭，邓楠见了提醒她说："泡面吃多了对胃不好，女孩子还是应该吃一些清淡有营养的东西。"韩美美瞬间就觉得很暖心，对邓楠的好感也越来越强，因为这件事，两人的交集渐渐多了起来，一次，韩美美又来超市买泡面，正好邓楠下班，于是邓楠便让韩美美放下泡面，和她一起去吃了晚饭。

其实在韩美美有意地到邓楠超市买东西的这段时间，也有人给邓楠介绍过几个不错的姑娘，韩美美的姑姑也给韩美美安排过两次相亲。但是最终都是这个每天都会见面的身影胜出了，两人顺利走到了一起。

或许韩美美并不懂心理学，但他的行为却十分符合"曝光效应"。她最终能够成功和自己喜欢的男孩牵手，正是因为她不断创造她在邓楠面前的"曝光"次数，他们才能从陌生走到熟悉，最后有情人终成眷属。

可见，在人际交往里，如果想要增强吸引力，必须提高自己在他人面前的"曝光率"，加强他人对自己的熟悉度，才可能让他人更喜欢你，更愿意与你交往。

想要让"曝光效应"发挥效果，第一印象也是非常重要的。想一下，一个人第一次见面就让你非常反感，那么之后不管你们见了多少次，也很难发生曝光效应，反而会更加反感。因此，如果你觉得给人的第一印象还不错，还想与对方继续交往，那么，在之后的时间里，经常在他面前"露露脸"可以简单又有效地增进你们之间的关系。

小贴士

熟悉能够产生美，而美则可能诱发喜欢。同时，熟悉也可能诱发喜欢，而喜欢让我们觉得对方更美，这就是曝光效应的作用。因此，若想吸引喜欢的人的注意力，就在他面前多多曝光吧。

懂得合作才能共赢

社会心理学家认为，人们生来就具备竞争的天性，每一个人都希望自己可以更加优秀，可以超越别人。因此，当面对利益冲突时，人们会毫不犹豫去选择竞争，即使最后的结果是两败俱伤也在所不惜。有时候，原本是合作伙伴的双方会突然选择竞争，不管后果如何。有时候，双方原本是关系很好的合作伙伴，只因利益分配不均，就闹得鱼死网破，导致分道扬镳，放弃了更为有利的合作关系，转为竞争。这一现象，被称为心理学上的"竞争优势效应"。

在心理学上有这样一个经典的实验，所研究的就是人的竞争心理。心理学家先让参与实验的学生分成两人一组，各自写下想要获得的金钱的数额，两人写之前是不可以商量的。如果两个写下的金额总和比100元小，那么，这两个人都可以得到他们在纸上写的金钱数额；若是两人写下的数额相加超出100元，那么他们就要支付这些钱给做实验的人。

实验结果是，大多数学生都要付给心理学家钱，能够在纸上写下金额之和小于100元的人少之又少。

这个实验告诉我们，人们的竞争意识是与生俱来的。但是虽然是这样，竞争仍然包括两种完全不一样的心理——积极的竞争心理与消极的竞争心理。积极而健康的竞争心理对激发自身潜能有利，可以将竞争转为进步的动力；消极且不健康的竞争心理很可能给人带来毁灭性灾难，这种心态的人常常会有"我如果不好过也不会让你好过"的敌对心思，最终导致两败俱伤。

大家都知道肯德基与麦当劳这对老冤家。它们都是世界餐饮行业中的翘楚，都代表着一个难以企及的高度。麦当劳拥有3万多家门店，是世界第一的快餐巨头，肯德基拥有1万多家门店，全球第二、中国第一的餐饮帝国。

麦当劳和肯德基都是卖快餐，双方在公关、广告、商品种类上一直不相上下，只要一方出新产品、请新的代言人，另一方肯定会推出更划算的套餐、拍新的宣传片。它们都视对方为最重要、最直接的竞争对手，都会使出浑身解数面对每一次的竞争，以至于最终势均力敌、都在中国市场取得了不俗的成绩，他们没有陷入同质化进而互打价格战的恶性竞争中，却以各自的方式提升竞争力，竞争的结果是实现了双赢。

良好的竞争，能够带给企业动力，使其得到长远发展，也可以使个人得到进步。在现代企业管理中，如果管理者善于运用良性竞争的手段调动员工的工作积极性，激发员工工作潜能，那么，在这种良性竞争的环境中，企业总体效益将会得到大幅提升。这种竞争很显然就是一种积极的、健康的竞争，其最终的结果往往是利人利己，使双方都得到长足的发展。当然我们也不能否认，现实生活中有着不少"损人不利己"的不良竞争的例子。

陈某是汤山镇某村的村民，为了生计，他在自己家门口搭了个棚子，做起了小吃生意。但是小店都开了快半个月了，生意却一直没有起色。后来他发现村口也有一家小吃店，生意红火，过往的顾客络绎不绝。陈某顿时心生妒意，借着去村口小吃店吃饭的机会，在小吃店盛粥的锅里投了毒，造成3人死亡，数人中毒住院的恶果。他自己最终也因为事情败露，被判无期徒刑。

陈某的竞争心理显然是不健康的，他眼见别家的小吃店比自家的红火，非但没有积极地找出自己不如人的原因，然后设法改进，以招徕顾客，反而为了达到自己心理上的平衡，处心积虑地陷害竞争对手，以至于伤及无辜，最终导致了悲剧上演。

良性竞争能够让我们时刻保持头脑清醒，具备高超的危机意识，一刻也不敢放慢自己前进的脚步，我们应该感谢竞争对手的存在，正是由于竞争对手的虎视眈眈，才保证我们在日益激烈的社会竞争中不会惨遭淘汰。

然而，竞争虽然能够令人不断进步，但是也要懂过犹不及的道理，消极的竞争心理容易使人陷入恶性竞争循环之中，正如实验中描述的学生一样，最终致使人财两失，不仅得不到自己想要的，还可能失去之前拥有的。要想共同进步，达成双赢，还必须通过合作的方式，这才是交际之道。

小贴士

有时候，一味地索取并不一定增加自己的利益，很有可能得不偿失，适度地"损己利人"，在合作过程中反而会得到意想不到的收获。

不要把自己的喜好强加给你的朋友

投射效应，说的就是"以己度人"，即人们一般觉得自己喜欢的东西，他人也会喜欢，而且自己不喜欢的东西，别人也会讨厌。投射效应经常会让人们将自身的意志、情感与特性强加到其他人身上。

才华横溢的宋代大文豪苏东坡与佛印和尚是关系非常好的朋友，两人经常在一起吟诗作赋。

有一天，苏东坡和以往一样来拜访佛印，两人即兴吟诗。苏东坡一时兴奋，便和佛印开了个玩笑："我看你就像一堆狗屎。"佛印却微笑着回答他："我看你就像一尊金佛。"

苏东坡感觉自己占到了便宜，非常开心。回到家后，就和妹妹讲了此事。苏小妹也是个才高八斗的人，听完后就皱起了眉头，说道："哥哥，你不要高兴得太早，佛家讲求'佛心自现'。就是说，你眼中别人是什么样子的，那么在别人眼中，你也是什么样子的。"

苏东坡恍然大悟，十分羞愧，立马找到佛印和尚道歉。

苏小妹口中所说的"佛心自现"现象正是我们心理学上所称的投射效应。

心理学家曾做过一个实验：他们找来了100位在校的大学生，问他们愿不愿意在背上背一块牌子在校园走动。其中64名学生愿意背着牌子在校园走动，他们认为这并不是难事，大部分同学应该都愿意这么做。剩下的36名同学拒绝背着牌子在校园走动，他们认为这是不正常的，应该只有少数学生愿意做这件事情。

人们在对别人的认识过程中，一般都会主观认为他人会和自己有相同或者相似的看法与偏好，特别是如果对方的年纪、性别与阅历等方面和自己的很像时，大家就会在潜意识中将对方看作自己的影子。这时候，就非常容易引发投射效应。除此之外，投射效应还有一个非常大的缺点，就是如果自己遭遇了不开心的事，很容易将问题与矛盾投放到别人身上，以求心理平衡。

一位12岁的小姐姐假期带着刚进幼儿园的小弟弟去逛街，小弟弟一路哭闹个不停，小姐姐实在没办法，便把他带到一家书店去看漫画。小姐姐想这些漫画的内容就跟动画片一样有趣，这下小弟弟该开心了吧！但是进了书店，小弟弟并没有安静下来，小弟弟看了一圈，哭得比刚刚更厉害了。

小姐姐不耐烦了："你是怎么回事？这些漫画书多好看呀，你为什么还要哭？"说着就蹲下身准备拉着小弟弟离开。回到家，小姐姐把小弟弟在外面的表现跟奶奶说了，奶奶笑着说："小弟弟看动画片，只是因为他喜欢看会跑会动的小动物。但是不管漫画多漂亮，他都没办法把它和动画片联系起来，毕竟他才3岁嘛！"

小姐姐的做法，很显然就是一种投射效应，她觉得小弟弟喜欢动画片，所以肯定也会喜欢和动画片风格一样的漫画，但是却忽略了小弟弟还是一个3岁的孩子，根本不懂这么多。

"横看成岭侧成峰，远近高低各不同。"每个人的立场不同，思考问题的角度也不同，而得到的结论也千差万别。除此之外，因为年龄、性格、经历等因素的差别，对于同一客观事物，不同的人的认知也会很不一样。因此，只站在自己的角度去猜测别人的想法，是无法真正了解他人内心世界的。

如果一直把自己的情感强加到他人或者客观事物上，就会一直觉得自己喜欢的人或者事物是好的，自己讨厌的人或者事物是差的，最后深陷主观臆断之中，无法自拔。心地善良的人常常觉得自己生存的世界非常美好，周围的人也都非常善良；但是多疑敏感的人常会"以小人之心，度君子之腹"，觉得每一个和自己交往的人都不怀好意；那些自我感觉良好的人就会认为自己在他人眼中是非常优秀的，这些错误的认知都是因为投射效应。

总而言之，投射效应带给我们的启示就是，社交过程中千万不能以己度人，如果这样做的话就会对他人的行为作出错误判断，最后致使交际失败。

小贴士

投射效应是人际交往中非常常见的一种心理现象，严重者极易沉浸在自我的世界里，错失许多优秀的朋友。因此，在日常交往中，切忌对朋友说"我认为这个好，你不能提任何异议"之类的话。

言多必失，多听对方说

心理学上对于人际关系有"人际吸引"这一说法，它的主要内容是说人与他人主动交往时，不仅是对自己心理需求的满足，也满足了别人的心理需求。人际吸引是在与人交往的过程中所形成的一种特殊的态度，是每个人对他人给予积极、正面评价的倾向，简言之，就是交往的过程中，人们之间的相互吸引。

当然，并不是所有的人际交往都会产生人际吸引，像有些人初次见面，就会产生厌恶之感，因此，要想提高个人在人际交往中的吸引力，调解不融洽的人际关系，是有法可循的。

张法和李明是从小一起玩到大的朋友，进入大学之后，李明在学校里面混得风生水起，交了很多朋友，这让张法十分羡慕。

国庆节，学生会组织了交谊舞会，张法到的时候，正好看见李明在和最近十分受欢迎的一个学妹热聊，两人看上去都十分开心。张法很好奇，便在一边静静地观察。

第二天中午，张法和李明一起吃午饭的时候，张法终于忍不住好奇，问道："昨天看你和学妹聊得十分开心，她可是出了名的'难搞'，你是用什么'法术'搞定她的？"

"'法术'，你为什么会这么问？我只不过是称赞她今天的打扮很漂亮，问她是不是经常看时尚节目？她很开心地说最近的确有一档很吸引她的时尚节目，接下来的两个小时，她一直在跟我说她对时尚的见解。"

"真的这么简单？"张法觉得不可思议。

"真的。"李明十分肯定地说，"我们离开的时候，还互相留了电话，我今天晚上的约会就是跟她的，她说跟我在一起很愉快，约我一起吃晚饭。要知道，昨天晚上整整两个小时，我都在听她聊自己喜欢的时尚，不曾打断过她。"

这就是李明人际交往的致胜"法术"——"聆听"。

人们常说"酒逢知己千杯少，话不投机半句多"。其实是有道理的，而人与人之间之所以话不投机就是因为彼此之间了解得不够。所以在对对方的工作、生活、兴趣爱好等了解得不够透彻的情况下，聆听就是最好的接近对方的方式。语言是表现一个人性格的最好的明信片，通过语言，你可以对对方作更进一步的了解。先了解了，再开口，就可以大大降低语言失误的概率，这对你的人际交往来说，绝对是一个良好的开端。

张芳是个性格十分大大咧咧的女孩，说话做事都很直接，任何人和她见面，不到半天的工夫，她就已经开始呼天谈地，大开对方的玩笑。不过张芳也有一个很不好的毛病，就是总是不听对方把话说完。

张芳和李璇是初中同学，大学正好在一个城市，便约了周末一起逛街。小贝和李璇一个宿舍，周末了，便跟着李璇一起去找张芳玩。

张芳一见到李璇和小贝便来了一个热情的法式拥抱，三人在餐厅坐下后，李璇有事去了卫生间，张芳便换了个位置坐到小贝旁边，拉着小贝热络地聊起来。小贝性格很内向，又十分害羞，第一次见面就被张芳这样拉着手天南海北地聊天，她实在是有些别扭，而且张芳说话实在太直接，她们又不是很熟，她实在是听不惯。最后她找了个借口逃之夭夭了。

李璇从卫生间出来，看到小贝不在，便问张芳怎么了。张芳说刚刚正和小贝聊了男女朋友那点事，还没说完，小贝就走了，真是没礼貌。

"你干吗跟她说这个呀，小贝刚跟她高中处了几年的男朋友分手，你这不是往人伤口上撒盐嘛！"

"是吗？你们也没提前告诉我呀！"

"你给我们机会说了吗？"

从那之后，李璇和小贝再也没有跟张芳联系。其实，不管从人格，还是从道德的角度出发，都不能武断地说张芳是个坏女孩，因为她对待朋友慷慨大方，而她的朋友们像避瘟疫一样躲避她其实都是她不会说话造成的。俗话说："言多必失。"并不是所有的话都能按原意传进别人的耳中，即使是好话也可能让人听出不一样的意思，不合时宜的"好话"同样会让人难堪。因此，你最好在开口说话之前先学会倾听。

人际关系定律在社会心理现象中属于比较复杂的一类，除了人际吸引的临近性、一致性、对等性、互补性等特点会对它造成影响以外，每个人在具体的交往活动中所得到的不同的感性认识也会造成相互理解的偏差。但是，不管是什么时候，在什么社交场合，先聆听、后诉说都是你提高人际交往能力的好方法。

小贴士

人们常说的"多做事，少说话"，其实就是在提醒人们"言多必失"。这并不是说话这件事本身的错，而是由于每个人的阅历、经验和世界观都有有着截然不同的一面，所以即使是相同的事情，大家也会有完全不同的见解。简言之，就是你说的好话，别人并不一定认为是好话，甚至可能理解成坏话，造成误解。所以为了提高自己的人际交往能力，多聆听、多了解别人绝对是没错的。

心理学与爱情：看清情感的本质，点破情场迷津

婚恋，多么熟悉和甜蜜的词汇，人们常说看一个人是否幸福，看他的婚姻生活便知道了。对聪明的人来说，婚恋生活就是一座甜蜜的城堡，处处开满鲜花。但是也有相当一部分的人，他们明明很爱彼此，却不是让婚姻生活走到了尽头就是陷入了痛苦的深渊。说起原因，不过是因为彼此不了解或者太过在乎对方，反而忽略了对方的感受。本章内容正是从心理学的角度，为每个困惑的你点破情场迷津。

为何总是对初恋印象深刻

西方心理学家契可尼研究发现，人们对已经做完的，有结果的事非常容易忘记，但是对没有做完的，中断了的却无法在心中放下。在心理学上这样的现象被叫作"契可尼效应"。

生活里四处都可以看见"契可尼效应"的案例。例如，上学时候你肯定会有这种经历，在一次数学考试里，一共有20道题，其中的19道题你都做了出来，只剩下1道题冥思苦想，等到交卷的时候都没有演算出来。等到考试结束了，你和同学一起对答案，结果你做出来的19道题都正确。于是，那道没有做出的题目就成了你心口的朱砂痣，无论何时都记忆犹新，但是其他19道题早已被你忘记了。

同理可得，初恋是美好的，同时也是酸涩的，许多人的初恋都无疾而终。于是，初恋就变成了那一道没有做出来的数学题，令人长久地不能忘怀。

小君和小钱是大学同学，两人从大二开始谈恋爱，毕业一年不到，两人便领证结婚了。本来是挺和美、甜蜜的一对小夫妻，但是小君最近却一点也高兴不起来。原来小钱上周去参加了高中同学聚会，然后和他的初恋小馨取得了联系。小馨和小钱是初中和高中同学，算得上是青梅竹马，两人从高中就开始谈恋爱，后来上了大学，两人因为在不同的城市上学，聚少离多，才分了手。当时小钱还消沉了一段时间，小君正是因为觉得小钱很重感情才鼓起勇气追求他的。这次虽然两人只是交换了电话号码，但是小君心里却很不是滋味，尤其是看到老公接到小馨电话，脸上露出欣喜的表情时。

小君因为这件事和老公吵了很多次，但是小钱都没放在心上，只说这只是一段回忆罢了，两人现在只是朋友，让她不要想那么多，但小君怎么也过不了心理这个坎，总觉得自己无法取代初恋在老公心里的地位。

在爱情的交响曲里，初恋是第一乐章。我们总是在朦朦胧胧的不确定与不自觉的好感中遇见第一个爱的人，并且希望可以和对方天长地久，这是大部分人初恋时的心理。然而初恋毕竟只是恋爱的第一步，就像一场爱情中的试水，它来得快去得也快。

虽然这样说，但是初恋留给人的记忆依然让人回味无穷甚至刻骨铭心。因为初恋对象留给了自己非常深刻的印象。这一最开始的印象直接影响了之后我们一系列的恋爱行为。

我们将初恋看作一种没有成功的，没有完成的事，正是它的未完成性使人无法忘却。同样地，在没有结果的初恋里，我们与初恋情人一起享受过的美好时光，大部分也会深深地留在我们的脑海里，让我们一辈子都无法忘记。初恋让人刻骨铭心的原因，正是因为它的没有完成性。

没有人能够轻易地把自己的回忆去除，不去碰，不去提并不代表已经忘记，更不要说千百年来人们都赞颂初恋是最美好的一段时光。加上人们心中的"契可尼效应"，初恋之所以无法被忘记也就更容易理解了。

因此，如果你发现你的另一半总是对自己的初恋念念不忘，不要心生不满，因为每个人都会有这样的心理，这是一种普遍存在的心理现象。在人们的记忆中，不可能说谁替代谁，她是她，你是你，如果你一心想要替代她，那么可以不客气地讲，你用错了努力的方向。因此，要想让自己拥有幸福美满的婚姻，就要好好把握眼下，才可能获得幸福！

小贴士

初恋是每个人心中最美的情结，但并不是所有的初恋都能走到最后，不过，正是因为有了这种缺憾，所以初恋才会令人恋恋不忘。作为妻子，如果丈夫因为同学聚会或是某些原因，重提初恋的时候，千万不要大惊小怪，这样会适得其反，显得你无理取闹，而把丈夫推给了别人。

为何会有情人眼里出西施

心理学的晕环效应，讲的是在人际关系中形成的一种夸大了的社会印象和盲目的心理倾向。人如果受到晕环效应的影响，往往把对方的形象看得过于完美，也就是大家常说的情人眼里出西施，让人为之倾倒。美国心理学家H.凯利等人在印象形成实验中证实了这种心理效应是真实存在的。

H.凯利把55名学生分为A组和B组，让一名老师分别给两组学生上了一节课。上课之前，H.凯利分别向两组介绍了这位女老师，对A组的介绍是：这位老师善良、和蔼，是当地十分有名的名师，深受学生的爱戴。对B组的介绍是：这位老师职业水平不低，但是性情冷漠，而且十分严肃，所以学生都很惧怕她。

上课结束，H.凯利采访了两组同学，结果A组同学反映：课堂活跃，老师很风趣，大家都表示意犹未尽，觉得时间过得很快。而B组的同学则完全相反：课堂很冷清，因为觉得老师很严肃，所以整堂课都很压抑，感觉十分漫长。而且A组学生回答问题的积极性明显高于B组，他们很愿意谈论自己的新老师。老师一样，授课内容、方式几近相同，但两组学生的反应却有如此大的反差，很显然这正是晕环效应的结果。

　　A组和B组同学在上课之前都对老师有了一定的了解，这也就让两组学生产生了先入为主的想法，这种想法直接导致了他们在课堂上的态度和对老师的看法。这种晕环效应在恋爱中也十分常见。

　　刘枫是校篮球队队长，不仅篮球打得好，人还长得很帅，是全校女生追捧的对象，所有女生都觉得只有女神才能配得上她们的王子。可是毕业五年后，大家在同学聚会上见到刘枫的老婆时，却大失所望。因为刘枫的老婆长相很普通，只是个很平常的姑娘，不仅算不上美女，甚至还不如当年好多主动向刘枫示好的女生。可是刘枫看起来却十分疼爱她的老婆，可以说对她照顾得无微不至，让一些同学都羡慕死了。

　　席间，有同学忍不住问刘枫的老婆是怎么追到大帅哥的。姑娘有点羞涩地说："你还是问他吧！"刘枫接过话茬说："其实是他追的别人，当时他们在一栋楼里上班，刘枫对姑娘一见钟情，便对姑娘展开了猛烈的追求。"大家都很不解，有几个和刘枫玩得十分要好的哥们儿，私底下问他这姑娘有什么好的，怎么就打败了那么多优秀的追求者呢？刘枫笑着说："她很善良，而且笑起来很漂亮，我就是被她的笑容俘获的。"朋友们听了，都笑着说："真是'情人眼里出西施'，看来你是真的陷进去啦！"

　　难道那些追求刘枫的女生笑起来就不好看了？当然不是。难道这位普通的姑娘真的一笑就变得倾城倾国了吗？也不尽然。只是刘枫喜欢的是这位姑娘，所以她的那些缺点在刘枫眼里也是可爱的。像刘枫这种"情人眼里出西施"的想法，其实正是"晕环效应"的结果。在刘枫看来，老婆第一次在他心中留下的完美印象早已让那些缺点消失得无影无踪了。

　　恋爱的过程中，你会发现，如果我们先了解到的是这个人的某些缺点，那么我们对这个人的整体印象便会大打折扣，甚至对还未来得及了解的他的其他方面，也会充满诟病。而我们一旦先了解的是对方的某些方面的优点，那么情况则完全相反，我们对这个人的整体印象都会非常良好。

　　我们在与人接触的过程中，一定要认识到晕环效应的客观存在性，而且必须知道它对人们的心理影响是多方面的，我们既要看到其积极的一面，也要看到其消极的一面。晕环效应会让我们在很短的时间内放大一个人的优点或缺点，但是我们必须清楚，人无完人，既然有优点，那么就会有缺点，所以千万不可被一时的现象所迷惑，而无法作出客观、公正的评价。

小贴士

"情人眼里出西施"虽然是一种先入为主的思想在作怪，它在一定程度上会影响我们对一个人真实的判断，但是它并不全是消极的。它也会让我们更多地看到伴侣身上的优点，从好的方向去评判和欣赏伴侣，这对维持两人的关系是具有十分积极的意义的。不过仍旧要把握度，不能因为喜欢而忽略了这个人本身的问题。

每个人都需要温情

如果你是在外工作的人，你一定会有这样的经历，第一次与人面时，彼此间的第一句话总是"老家在哪"？假如你们正好来自同一个地方，那么即使你们之前完全不认识，也会因为这个共同点而倍感亲切，从心理上就会感觉拉近了彼此间的距离，接下来你们的交往也会变得更加融洽。这种现象其实就是心理学上的亲和动机，也被称作亲和效应。

亲和动机指人们在人际交往中，常常会因为与他人在血缘或地域、志向、兴趣、爱好、利益上存在着某种共同、共通或相似之处，而感到更容易与这个人接近。接近后，彼此间又因为这些共同点产生亲切感。我们更喜欢与那些和自己有着相同志向、爱好、兴趣的人做朋友其实正是因为这个原因。这一心理现象告诉我们，在与人交往的过程中，要想拉近彼此间的距离，就要积极创造条件，努力寻找彼此间的共同点。

王阳安和李欣是大学同学，两人上大学时开始恋爱，因为是学生族，两人也都是普通家庭的孩子，所以大学生活很拮据，即使是约会也只是在学校外面的小餐馆偶尔吃一顿好的。但是他们依旧觉得很开心，李欣觉得只要两人在一起，努力打拼，未来一切皆有可能。

两人从大学便开始兼职做着各种小生意，虽然辛苦了点，但是为了美好的未来，两人劲头十足，大三那年，正是淘宝最热的时候，王阳安抓住时机，开了个卖衣服的淘宝店，赚到了人生的第一桶金。大四毕业，两人付完首付，也在这个小城市有了自己的一套房子。

一毕业就买了自己的房子，这让许多朋友都十分羡慕，嚷嚷着就等他们的喜糖了。几个月之后，两人顺利领了证，但是并没有像其他结婚的朋友那样办婚礼、摆酒席，而是只给身边的朋友、同事发了喜糖。王阳安说两人都交往那么多年了，感情深厚，不在意这些虚礼。李欣不是很高兴，一生就一次的婚礼对女人来说是多么重要啊，可现在被王阳安这么一说，自己要是再说什么，反而好像成了无理取闹、不懂事的人了。

结婚之后，王阳安把自己全部的精力投入到了网店的运营当中。为了扩大经营范围，提高市场竞争力，王阳安和同事有时候在公司一工作就是几天几夜不眠不休。而且应酬越来越多，回家的时间自然也就越来越晚。一开始，李欣还会数着点等王阳安回来，后来李欣也渐渐习惯了房子的冷清了，到点了就睡觉。就这样两人交流越来越少，结婚一年，两人说的话还没有恋爱的时候一个月说的话多了。朋友和李欣聊天听到她说得最多的话就是家里冷冰冰的，心也冷了。

日子继续往前走。一天，王阳安回家早，特意绕到超市买了一堆菜，想弥补两人的关系，但是当他兴匆匆地做好饭准备下楼去接李欣时，却看见李欣正从另一个男人的车里出来，分开时两人还拥抱了一下。王阳安很想冲上去打那个男人两拳，但是他很快冷静下来了，怕被左邻右舍见了，让李欣难堪。李欣到家后见到王阳安在家，并没有什么表示，王阳安本来以为她会愧疚，会解释，但是等来的却是李欣似解脱一般的五个字："我

们离婚吧！"李欣坚持离婚的理由很简单，她和王阳安的家已经让她感受不到温情了，她不愿把自己的青春继续耗在等一个不回家的男人身上。

每个人都需要温情，女人尤其是。毫无温情的环境，就像是一望无垠的沙漠，带给人的只会是绝望。男人打拼事业无可厚非，但这并不能成为冷落妻子的理由，家庭作为社会中一个非常特殊的群体，温情显得尤为重要。如果一个家庭毫无温情可言，那么它是无法带给人希望和喜悦的，因为它就像是死海一隅，毫无生机、喜悦可言。要想让自己在爱的海洋徜徉，就必须为打造充满温情的家庭而努力，否则你将失去幸福的源泉。

小贴士

人都是有血有肉的动物，人的感情是靠彼此之间的互动来维系的，每个人心中都渴望一个温馨的港湾，每个人都希望得到别人的关心和爱，每个人都享受被别人挂念的感觉。所以不管事业有多忙，应酬有多重要，都不要忘了时刻提醒自己，多关心自己的亲人、爱人。

抓得越紧，爱人离你越远

把沙子捧在手里，你会发现，你越想抓紧一点，沙子反而流失得越快。其实人与人之间也是这样，尤其是情侣之间，倘若我们总想把爱人牢牢地拴在手里，不肯给对方属于自己的空间，那么抓得越紧，爱人反而越想逃。这就好比人们吃饭，只有给自己的胃留有空间，吃八分饱才是最舒适的状态。倘若把自己的胃塞得满满的，过度的饱胀感会让人很不舒适。其实，婚姻生活有时候就像吃饭这么简单，只有给彼此留有空间，才会让彼此都感到舒适。

刘洋和张霞是一对结婚5年的小夫妻，两人的婚姻是张霞父亲撮合成的。张霞的父亲是军区的领导，因为赏识刘洋把刘洋从一个小科长一路提拔到了副部长，并且把自己的宝贝女儿嫁给了他。刘洋在朋友和同事眼里都是一个典型的"妻管严"，刘洋的老婆张霞也在电力局上班，除了每个月工资由老婆带领，到了家，打扫卫生、洗衣、做饭也全都是刘洋的事，单位许多不知道内情的小姑娘都说刘洋是二十一世纪的绝种好男人。

不过他的努力和辛劳，并没有博得妻子的欢心，相反，妻子觉得这是理所当然的，因为男人有钱就变坏，只有把他们变穷了，小姑娘才不会跟着他们。而且刘洋的妻子性格很急躁，只要一有事就喜欢拿父亲压着刘洋，说没有父亲，他什么也不是。有时即使是在单位，妻子也丝毫不留情面。刘洋几次劝妻子不要在单位给人看了笑话，但是她都照说无误。

刘洋真的像他老婆说的那样一无是处吗？并不是，虽然刘洋是靠丈人提拔，可他也是有真本事的人，没有能力，即使有人提拔自己，那也是在这个位子上坐不住的。很多看见过刘洋妻子撒泼的人，都替他感到委屈，堂堂七尺男儿，每天这样，换作谁谁都受不了。但是刘洋总说，人不能这样，老丈人器重我，还把他最宝贝的女儿交付我，我既然答应了他老人家，就不能出尔反尔。

不管怎么说，人都是感性动物，都是需要爱的。可刘洋一想到自己这5年的婚姻，除了做牛做马报答丈人的恩情，他真的是一点温情也没有感觉到。老天似乎是看到了刘洋的委屈，虽然婚姻不幸福，但是刘洋官运还不错，自己这几年勤恳工作，能力出色，在老丈人去世不久便升了部长。34岁正是男人的黄金年龄，还是部长，刘洋的妻子更加不安了，把刘洋也看得更紧了。除了工资，现在连行程和电话都不放过了。

刘洋似乎已经习惯了妻子的神经质了，但是妻子却变本加厉，往更严重的方向发展了。一次，刘洋在办公室看资料，口渴了，便叫新来的秘书给自己泡了咖啡。结果刘洋正在喝咖啡的时候妻子来了。看见秘书在这儿，不管三七二十一，便打了秘书一巴掌，说她是狐狸精，闹得大家都围了过来。有人不解，出来劝架，妻子说一个新来的秘书怎么会知道刘洋喝咖啡不放奶，一看两人私下就出去喝过咖啡了。秘书很委屈，解释说："是部长自己跟我说的不加奶，说是可以提神。"然后哭着跑了。

闹剧结束，可这出闹剧就像彻底打开了刘洋的心一样，刘洋终于决定不再忍受，他向妻子提出了离婚，为了避免妻子纠缠，他辞掉了工作，一身轻松地离开了这个奋斗了整个青春的城市，回到老家做小生意去了。

刘洋的妻子并不是不爱刘洋，她之所以会紧紧地看着他，除了因为他的工作是自己的父亲安排的，有优越感外，还因为她的害怕。因为她知道自己的丈夫很优秀，虽然她一直不愿承认，但是她却真实地意识到了，所以她紧紧地看着他，怕他出轨。可是她忘了，刘洋除了是自己的丈夫，他还是个男人，男人不是权贵的附属品，他们强烈的自尊心一旦被激发，权贵就贬值成了粪土。他有自己的事业，他也需要面子，而她所做的种种恰恰是对刘洋事业最大的打击，是对他男性尊严最大的伤害，所以两个人只能越来越远，最终以离婚收场。

任何时候，你都要清楚自己想要的究竟是什么，而且更要懂得对方想要的是什么。就算是自己从市场买回来的宠物，都会有自己的意愿，会有忤逆你的时候，更何况有血、有肉、有感情的人呢？

小贴士

不管是谁，即使是最亲密的爱人，也都有各自的领域。比如工作、事业，在这个领域里，每个人都是自由的风筝，可以尽情地挥汗自如。但是不管风筝线多长，飞得多远，最终都会落在握着风筝线的人手里。只有愚昧的人才会将风筝和线统统抓在手里。风筝不再飞翔，线又有何用呢？为了你的婚恋生活更加美好幸福，除了要明白自己究竟想要什么，还要弄清对方的需求，给对方足够的空间让其飞翔，只有这样，你才有可能与幸福结伴同行。

每个人都有不愿分享的小秘密

　　倘若有人问你，你有秘密吗？你的回答或许会是"我有"。每个人都有属于自己的私密空间，为承载自己的秘密留下的一块空地，这是每个人心灵中的禁区，任何人不得侵犯。这块最为私密的空间，往往深藏在人们心灵的最深处，一旦受到侵害，就会触及一个人的底线。从心理学的角度来讲，这就是秘密效应。

　　小丹和小芳曾是无话不谈的好朋友，但是最近两人却十分疏远了，原因是小丹不久前找了个男朋友，却没有第一时间告诉小芳，直到小芳在食堂撞见两人才知道了这件事。小芳觉得小丹不厚道，自己什么都跟她说了，她却对自己掖着藏着。但是小丹觉得两人虽然无话不谈，但是谈恋爱是很私密的事，而且自己跟对方还不稳定，所以不说并没有不对。就这样两人渐渐疏远，最后从闺密变成了普通同学。

　　这种情况在生活中其实很常见，每个人性格不一样，所以内心的坚持也大不相同。或许，在每个人的内心深处，都有一处隐秘角落，都有属于自己的秘密。有秘密是每个人的权利，我们又何必总是对别人的秘密好奇呢？

　　苏墨和白羽都是一家外企的业务员，白羽人如其名，又白净又漂亮。苏墨对白羽一见钟情，进而展开了猛烈的追求。送花、唱歌、吃饭，轰轰烈烈追了一个月，闹得连白羽所在小区大妈都能马上叫出苏墨的时候，白羽终于羞涩一笑，答应了苏墨的追求。

　　两人谈了3个月甜蜜的恋爱之后，苏墨便顺理成章地向白羽求婚了。两人结婚后，为了避嫌，白羽便辞职做起了家庭主妇，一心一意在家照顾老公和孩子。本来日子和美，应该越过越好，但是两人最近却闹到了要对簿公堂的地步。原来白羽自从辞职在家以后，空闲的时间也多了起来，每天上网看各种八卦新闻、家长里短，看着看着便联想起自己的生活了。白羽开始像故事中的那些女人一样，不厌其烦地查老公的账单、电话，每天二十四小时只要老公不在家，便会随时连环夺命call。只要老公不接电话或接电话的时候含糊其辞，便会不得安宁，自己想很多。一天，苏墨在外地和客户开会的时候，实在受不了手机一直响个不停索性关了机。回到家，白羽果然急了，苏墨大吼："我也是人，难道我要一天二十四小时向你报备吗？你累不累？"说完便摔门出去了。苏墨想不通，白羽以前那么善解人意，现在怎么会变这样。白羽也不能理解，求婚时说好对自己百依百顺的苏墨为什么变了。

生活中，像白羽这样的女性其实不少。或许是因为现时的社会风气无法带给她们安全感，她们总是希望把自己的老公牢牢地握在自己的手心里，掌握他们的行踪，对他们的一举一动都了如指掌。可是，每个人不但是家庭的，还是社会的，即便是法律上的合法夫妻，对方也不可能完全成为自己的私有财产，他还有自己的工作范围、交际范围，倘若你干涉得太多，无疑就会侵入到他的禁区。

夫妻相处，不管是男人还是女人，都要给对方保留自己隐私的空间。不管是多么亲密的人，都有不愿跟别人倾吐的秘密，都有想要一个人静静待一会儿的时候。多留点空间给爱人，并不是纵容或者不爱，而是对彼此最基本的尊重。因为他首先是人，是个独立的个体，而后才是你的老公。只要他对你足够忠心，对你足够重视，就多留点儿空间给他，让他也有自己的小秘密吧！

小贴士

不管是多亲密的夫妻，都不要把自己所有的时间和精力都放在对方身上。把自己的幸福压在别人身上，这绝不是对对方的爱，相反，这其实是十分不理智的，会给对方造成无形的压力。除了给对方保留隐私的权利，我们也应该给自己的生活找一些乐趣，学会爱自己。人只有自己爱自己，才能学会爱别人，才能变得更加自信和有魅力。

保持沟通，婚姻更保鲜

沟通是架起人与人之间关系的桥梁，倘若两人之间连最基本的沟通都没有，那么不管彼此爱得有多深，也终会在误会和不了解中，停下脚步。但是如果两个相爱的人能够彼此坦诚，并坦言自己的一切，这个世界就会少很多遗憾、误会，而多许多美满、恩爱。因此，心理学上，也把沟通法则定义为婚姻生活中最闪耀的灯塔，因为它无时无刻不在为"爱"导航。

有一对夫妻，丈夫喜欢吃鸡腿，妻子喜欢吃鸡翅，每次吃鸡的时候，老公都会特意把自己认为最好吃的鸡腿夹给老婆，然后自己吃没有肉的鸡翅。久而久之，妻子以为老公最喜欢的是鸡翅，所以每次吃饭的时候都会特意把鸡翅夹出来放进丈夫碗里，然后吃自己并不是很喜欢的鸡腿。

这样持续了很长一段时间，直到有一年，他们的朋友来他们家一起过感恩节，吃火鸡的时候，闺密看见妻子一直在吃鸡腿，十分惊讶地说："亲爱的，你不是最讨厌油腻的鸡腿了吗？难道你不想维持好身材了，真可怕！"丈夫的弟弟见丈夫一直啃着没有肉的鸡翅也很惊讶，"你为什么不吃鸡腿呢？我记得你最爱吃鸡腿的呀，小时候我们还为争鸡腿吵过架呢！"夫妻俩闻言放下手里的刀叉，默默无言，最后竟流泪了，他们终于明白，爱一个人并不是把自己认为好的给对方，而是了解对方的喜好，给对方真正想要的。

古人曾说："己所不欲，勿施于人。"很多时候，我们自以为是，强加给对方的好，在对方眼里可能并不是爱，甚至可能是负担。虽然因为相爱，爱人并不会斤斤计较，但是长此以往，这并不是好事，两人如果长期缺乏沟通，只是按自己的方式爱对方，反而很容易让婚姻生出疲态，使爱人越走越远。

小爱和大毛结婚多年，但是每天仍有说不完的话，不像有的夫妻每天除了日常的交流，就再也没有其他了。因为经常沟通，小爱和大毛形成了别的夫妻都没有的默契，他们总是能准确地知道对方想要的事情。他们了解彼此却从不干涉彼此的生活，有时候大毛因为工作上的应酬回来晚了，小爱也不会埋怨，因为她相信大毛，只要大毛说是工作，那就一定是在工作。

小爱和大毛的朋友小赵十分羡慕他们结婚多年依旧像新婚夫妻一样，甜蜜地羡煞旁人。小赵和他的女朋友已经交往3年了，本来小赵准备升职了就结婚，可是最近两人却频繁争吵起来，原来因为升职，小赵工作量增加，两人已经很久没有单独过周末了。小赵的女朋友不满，老觉得小赵借着工作在外面找了别人。一开始小赵以为她就是随便说说，便没有解释。但是没想到女朋友变本加厉，并不打算就此停止，每天电话打个不停，只要小赵没接到，晚上回家便会被女朋友冷嘲热讽一番，问他这么卖命，是不是为了赶紧再给外面的女人买房。最后小赵实在受不了搬出了两人的公寓。

郁闷的小赵问小爱婚姻保鲜的秘诀。小爱说："哪有什么秘诀，我们只是比平常夫妻说的多一些而已。我们俩婚前就约定过，不管有什么都一定要及时沟通，让对方知道自己想要的，你也知道对方想要的，只有这样，我们的付出才会真的让对方感到妥帖和温馨。"

两个人由陌生人变成最亲密的爱人，如何为婚姻保鲜，最需要的便是了解对方了。而要想真正地了解一个人，最不能缺少的就是沟通。婚姻生活是靠两个人共同经营的，而婚姻保险最重要的就是彼此能够坦诚以对，互相尊重和信任。就像小爱和大毛一样。倘若双方连最基本的信任都做不到，甚至还会不断地猜疑，那么婚姻生活想不亮红灯都难。因为不管你掩饰的多好，你的言语还是会暴露出你的真实想法，而对方一旦捕捉到了这些信息，就会变成一种伤害。时间长了，感情出现裂痕就是必然的，就像小赵和他的女朋友。其实说到底，小赵和她的女朋友之所以会闹成这样，就是因为彼此间沟通不及时。其实，看得出来，他们两个人都想要沟通，但又不知道该怎么与对方沟通，所以选择了最糟糕的方式，怀疑和攻击，而这样的方式除了使事情更加恶化，导致矛盾上升，对两人的关系于事无补。

因此，在没有弄清楚事情的情况下，千万不可随便猜疑。不妨先把事情放一放，找个合适的时间，选一个两人都喜欢的地方，双方都心平气和地说出内心的看法和感受，这时你会发现，事情原来真的很简单。这样一来，两人之间的心结也会随之解开，阳光重新照进心里，生活也会重新甜蜜起来。

小贴士

要想婚姻保鲜，除了保持沟通，还应该不断地提升自己，多善待自己。尤其是女人，虽然进入婚姻，孩子、丈夫会成为你生活的重心，但是仍旧不要忘了多提高自己，打扮自己，没有哪个男人愿意一回家就面对一个蓬头垢面的女人，即使那个人是自己的老婆。女人，要时刻记住，只有学会爱自己，你才会更自信，才能学会爱别人，才配得到别人的宠爱。

每个人都是婚姻的导演

什么样的选择决定什么样的生活，今天的生活是由3年前我们的选择决定的，而今天我们的抉择将决定我们3年后的生活。这就是自我选择效应。自我选择效应对一个人的影响十分巨大，因为一旦个人选择了某一人生道路，就存在向这条路走下去的惯性，而且在向着这条路前进的过程中还会不断强化自己对这条道路的适应能力。

我们一生会面临无数选择，而每一次选择都对我们的发展有着重要的意义，因为这些选择直接决定了我们前进的方向和生活质量。俗话说得好："决定我们是谁的不是能力，而是我们所作的每一个选择。"可见选择对人生的重要意义。

有一个美国商人、一个法国商人和一个犹太商人在沙漠里迷路了，就在他们感到绝望的时候，他们看到路边有一个玻璃瓶子。犹太人觉得很可爱便捡起来，谁知道他刚拧开瓶盖，一个小人飘了出来。

"我是神仙，看到你们落难，特地来解救你们，但是我只能满足你们一人一个愿望。"

美国商人说："我要100两黄金。"于是神仙给了他100两黄金。

法国商人说："我要两个绝世美女当我的老婆。"于是神仙给了他两个貌美如花的老婆。

"那你呢？"神仙问犹太商人。犹太商人说："把我送回家就可以了。"

3年过后，美国商人已经不再从商了，而是一个普通的工人，生活的很普通。因为他当时虽然手里有钱，但是出不了沙漠，只好向当地人求救，最后不只100两黄金搭进去了，还赔进去不少家产，从此一蹶不振，生意也没落了。

法国商人为了走出沙漠，也赔了不少家产，回家后，两个老婆三年生了五个孩子，一家人坐吃山空，过得十分拮据。

犹太商人当年顺利回家后，继续做着之前的生意，现在已经成了企业的掌舵人，财产增长了数十倍，而且娶了老婆、生了孩子，生活十分美满。

这个故事告诉我们，什么样的选择决定什么样的生活。今天的生活是由三年前我们的选择决定的，而今天我们的选择将决定我们3年后的生活。从当时三人的现实情况来看，面对神仙的"诱惑"，美国商人和法国商人的选择其实无可厚非，只是他们没有像犹太商人一样，站在自己最需要的角度思考，所以只能为自己的选择付出代价。我们在作选择的时候，必须清楚地明白自己想要的是什么，否则只能像英国商人和法国商人那样，徒留后悔。

李梅是一所重点高中的学生主任，有一个二十岁的儿子，正在上海的一所名牌大学就读，在同事眼里，李梅的生活非常幸福。但是李梅却不这样认为，相反她常常抱怨，所以整个人看起来老了好几岁。在她看来，她的不顺正是他那个不上进的丈夫造成的。

李梅上大学时和她们系的另外两位姑娘并称"学院三朵花"，身边从来就不乏追求者。但是刘梅心气高，对那些追求她的男生都看不上眼，一心想找个家庭优渥事业靠谱的男朋友。就这样，李梅都毕业了，仍旧没有处对象，李梅的父母见她没有自己找对象的意思，便给她找了个在事业单位上班的男人，让她相亲。李梅见了那个男人两面，觉得她撑不起场面便和他断绝了来往。

就这样不上不下卡了几年，眼看着就要成为28岁的大龄剩女了，不只李梅的父母着急，李梅自己也开始受不了周围人异样的眼光，着急了。最后经人介绍，她和学校做宿舍管理员的老刘结了婚。

结婚前几年因为孩子刚出生，李梅还没觉得有什么。但是随着孩子越长越大，渐渐到了离开家出门上学的年纪。李梅与丈夫相处的时间渐渐多了起来，一看到丈夫胸无大志、没有上进心的样子，李梅就很窝火，尤其是在去年同学会上，见到当年和她并称"学院三朵花"的另外两个姑娘都成了官太太和富商老婆，更是憋屈得不行，回家看自己老公也越发不顺眼了。常常感叹自己命不好。

其实李梅现在哀叹的命运不正是她自我选择的结果吗？

每个人在作出选择的时候，都应该意识到自己的选择会带来的后果，而不是等到既定事实产生之后才开始后悔、埋怨，这都是没有用的。所以在我们作每一个选择之前，都应该时刻接触最新、最全面的信息，争取让自己的选择给自己带来最好的未来。

小贴士

在婚姻里面，一旦作出选择，我们就必须为自己的选择负责任，就得承担选择带来的后果。每个人都是生活的导演，愚蠢的女人，选择错误之后，只会抱怨和叹息，聪明的女人即使选择错了，也会努力扭转颓势，让自己的人生过得精彩纷呈。

心理学与职场：智慧决定成败，做高效能人士

职场是每个人都必须经历的，它也是每个人实现人生理想最好的平台。但是有的人在职场混得风生水起，而有的人却过得不尽如人意。归根结底，其实还是因为有的人不了解职的"潜规则"，所以没法做到从容不迫、游刃有余。本章正是针对这一现象，为读者揭示职场的心理法则，帮助职场人士了解职场"潜规则"，这也是每位职场人士走好每一步的制胜之道。

你是为了自己而工作

在上班族中经常出现这样一种奇怪的现象，很多人过完周末就变"懒了"，等到周一上班的时候，依然懒洋洋的，提不起一丝精神，更别提对工作充满激情了。如此一来，工作效率自然是没有的。如果休息一个长假，情况更加严重。比如，经过春节长假之后，大部分人都需要很长时间来进行调整，才可以进入工作状态。

上述现象，在心理学上被称为职业倦怠。职业倦怠是由很多原因造就的，最主要的一个原因就是上班恐惧症，而这种问题源于对上班目的认识不够准确。上班恐惧症在职场心理学中是经常出现的一种心理现象，它一般表现为上班之前会不想上班，或者是在上班第一天，不能迅速投身到工作中，总是感觉内心焦躁不安，不能集中精力。

朱涛毕业后便到一家保险公司做起了销售，为了增加业务，多拿提成，朱涛几乎全年无休，即使是节假日也是和客户在酒桌上过的。功夫不负有心人，在公司辛苦奋斗了两年，朱涛终于从一名普通的销售人员升为了手下有十二名销售的销售经理。虽然不用再像之前那样事事亲为，但是朱涛依旧很拼，因为他知道这个行业竞争激烈，根本不容自己懈怠。

周末，朱涛的同学结婚，大家难得聚会，聊起近况都很羡慕他刚毕业两年就有了这么好的工作，但是朱涛却一脸疲惫地说，他现在最大的愿望就是好好地睡上几天几夜，没有应酬也没有没完没了的业绩评估。很快，朱涛的机会便来了，因为今年业绩不错，公司破天慌地决定国庆黄金周照常放假。因为手里的几份保单都已经签好了，朱涛想，自己终于可以随心所欲地睡上几天了。

国庆的前一天下班，刚回到家，朱涛便向各位朋友和同学告了假，然后便睡觉了。朱涛一觉醒来已经是第二天下午了，他起来吃了点东西，想着还有一周的假期，便又沉沉睡了过去。就这样一个星期，朱涛便在睡觉中，幸福地度过了。上班前一天，朱涛是中午起来的，本来他是想着第二天上班，所以想赶紧做点准备，可是没想到睡太久，整个人混混噩噩的，打开电脑还没怎么工作就又被周公召唤了去。第二天上班虽然被闹钟催着按时醒来了，但是朱涛的精神状态却并没有自己想象中那么好，一整天他都懵懵懂懂的，哈欠打个不停不说，还十分地烦躁，完全没了往日和客户周旋的耐心。

朱涛的这种情况，在职场心理学中就是典型的上班恐惧症。主要是因为平时总是处于高度紧张的工作压力中的人，会产生一种应急机制，身体也会相应建立起与其相匹配的运作模式，但是放假就会打乱原本形成的模式。过完长假，身体还处于休息的状态中。因此，虽然"肉体"已经回到紧张的工作中，但是其"精神"还处于休息中，其精神状态完全无法到达备战状态。如果发现自己有"上班恐惧症"的现象，完全没有必要担心，因为这种周期一般会持续3~5天。让自己的身心缓冲几天，就可以慢慢适应了。

上班恐惧症是形成职业倦怠的一个主要原因，但是如果能适当地调节自己，也是可以避免的。除此以外，工作中不能准确地定位自己，也会形成职业倦怠。有些年轻人刚刚脱离校园，内心踌躇满志，总觉得，"老板给我多少钱，我就干多少活儿"，如果发现自己获得的报酬和自己的付出不吻合时，就会充满抱怨，觉得自己受到了剥削。有这样想法的年轻人，一般都不清楚自己是在为谁而工作。需要知道的是，工资只不过是工作的报偿方法之一，但是人们之所以工作，并不完全为了工资，一个人的能力可以在工作中得到锻炼与提升，其交际能力也可以得到大幅提高，并且还能拥有最宝贵的工作经验，以及优秀的品格的建立等，这些全部和自己的工作相关。

我们需要清醒地意识到，现在的事都是给自己做的，现在的工作也是给自己做的。工作可以让我们获得更优质的生活，而不是只为了解决温饱。一份能够激发自我斗志的工作和一份不能调动自己积极性的工作相比，对一个人的影响是有很大不同的。但是世界上并不会存在一份对你而言没有一点作用的工作。不管是怎样的工作，只要你将精力投入进去，坚持下来，就会获得回报。因此，需要改变的是自我的心态，是对待工作的心态，而不是工作。

小贴士

任何事情，做的时间久了，都会有倦怠的时候。要想稳妥地度过这段倦怠期，就必须对自己的现状有一个明确的认识，不能总是把所有的不顺利都归结到环境和际遇上。你应该明白，你做任何事，首先是为了自己，其次才是为了别人。

少说话，多做事

瀑布心理效应，指的是发出信息的人心里比较平静，但引起了接受信息的人的心里不平静，导致其态度、行为都发生了改变。因为这种心理现象像极了大自然中的瀑布——瀑布从高山飞流直下，其源头并没有那么汹涌，而是非常平静，只有当瀑布遇到某一处峡谷时，才会一泻千里，所以心理学家将此心理现象命名为瀑布心理效应。

瀑布心理效应提醒我们，在与人交往的过程中，千万要注意自己说话的方式、分寸，千万不要信口雌黄。很多话，自己可能只是不经意间说出的，但是传到了对方的耳朵里，就可能发生变化，"说者无心，听者有意。"说的便是这个理，因此，在与人交往的过程中，一定要学会控制自己的嘴巴，时刻记得"祸从口出"。

曹操聚集兵队想要进兵，又被马超拒守，欲收兵回都，又怕被蜀兵耻笑，心中犹豫不决，正碰上厨师进鸡汤。曹操见碗中有鸡肋，因而有感于怀。正沉吟间，夏侯惇入帐，禀请夜间口号。曹操随口答道："鸡肋！鸡肋！"夏侯惇传令众官，都称"鸡肋！"

行军主簿杨修，见传"鸡肋"二字，便让随行士兵收拾行装，准备撤兵。有人报告给夏侯惇。夏侯惇大吃一惊，于是请杨修至帐中问道："您为何收拾行装?"杨修说："从今夜的号令来看，便可以知道魏王不久便要退兵回都。鸡肋，吃起来没有肉，丢了又可惜。如今进兵不能胜利，退兵让人耻笑，在这里没有益处，不如早日回去，来日魏王必然班师还朝。因此先行收拾行装，免得临到走时慌乱。"夏侯惇说："先生真是明白魏王的心思啊！"然后也收拾行装。于是军营中的诸位将领，没有不准备回朝的。

当天晚上，曹操心烦意乱，不能安稳入睡，因此便手提钢斧，绕着军营独自行走。忽然看见夏侯惇营内的士兵都各自在准备行装。曹操大惊，急忙回营帐中召集夏侯惇问其原因。惇回答说："主簿杨祖德事先知道大王想要回去的意思了。"曹操把杨修叫去问原因，杨修用鸡肋的含义回答。曹操大怒，说："你怎么敢乱造谣言，乱我军心?"便叫刀斧手将杨修推出去斩了，将他的头颅挂于辕门之外。

原来杨修倚仗自己的才能而对自己的行为不加约束，屡次犯了曹操的大忌。一次，有位大臣家新修了花园，邀请曹操去看，杨修同行。曹操在花园里走了一圈，什么也没说，只让人拿了一支笔在花园门廊上留了一个"活"字，便离开了。众人都不解曹操的用意，只有杨修不紧不慢地说："门里添'活'是'阔'字，主公这是觉得这花园的门做得太大了。"大家都觉得杨修说得十分有理。这话后来传到了曹操的耳中，虽然曹操人前夸奖杨修很懂自己，但是心里却很嫉妒。

虽然杨修的杀身之祸和当时复杂的政治格局和曹操本人的脾性有莫大的关系，但是导火索却实实在在是因为他说话不知分寸、不懂得留余地。古往今来，由于一言不慎而引来杀身之祸的例子不胜枚举。可见，在社交场合，注意说话的分寸多么重要。

为了自己的社交圈能顺利地展开，自己能成为一个受人欢迎的人，就必须时刻提醒自己，千万要避免因为自己一句不当的闲话而引起强烈的瀑布心理效应，一定不要轻易地触犯别人。古人曾说："言多必失。"所以在对一个人还不够了解的情况下，为了不对别人造成冒犯，千万不要妄下言论，说话的分寸和注意谈话的禁忌更是时刻要注意。

时刻要记得，让对方了解我们，才是交流的初衷，而不是制造误会。说话体现的不仅是一个人的社交能力，还体现着一个人的涵养。只有会说话的人，才能为自己在社交圈中赢得好人缘，在复杂的人际关系中为自己铺出一条康庄大道。

小贴士

为了避免自己的一句闲话引起别人强烈的瀑布心理效应，在谈话之前，一定要处处小心，步步留神，在没有了解对方的性格、习惯、禁忌前，千万不要信口雌黄。那些容易引起对方误会、反感的话题，一定要非常谨慎。

生于忧患，死于安乐

把一只青蛙丢进一只煮沸的锅里，青蛙会因为受刺激立刻跳到锅外面，从而自救；但是如果把一只青蛙丢进一只冷水锅里，再慢慢加热锅中的水，青蛙便会因为在这个过程中已经渐渐适应了水温，而变得麻木起来，等水烧沸，它已经来不及跳出来了。最终，青蛙便在舒适之中被烫死了。这便是心理学家所说的"青蛙效应"。

青蛙效应是对"生于忧患而死于安乐"的最好注解。不管是人还是动物都是对舒适的免疫力过低，我们常会听到有人说："温室的玫瑰更容易死亡。"说的就是这个道理。过于舒适的环境，不是安全的避风港，而是危险的滩涂。

草原上青草肥沃，因此有许多野生羊群迁徙到草原上生活。但是好景不长，草原周围的狼群知道了羊群到来的消息，不停地追杀羊群，为了活命，羊群只能不停地奔跑。当地的居民觉得羊群实在太可怜，便向政府申请了"捕狼令"，想保护可爱的羊群。

没了天敌，羊群迅速繁殖，一年总数增加了一半。但是这样的盛况持续了不到两年便结束了，第二年，羊群开始出现大量的死亡，短短两年羊群数量就比最初迁徙到草原时的还少了，而且大多都不健康。

造成这种事与愿违的局面的根本原因就是：在狼被捕杀之后，羊群没了天敌，开始无限量地繁殖，生物的优胜劣汰法则被打破，这对羊群的可持续发展显然是不利的。再加上之前因为有狼群追赶，所以羊群常常处于奔跑的状态，骨骼也被锻炼得更加健壮。现在没了狼群的追赶，羊群的运动量减少，自然健康状况不如以前。

当地居民为了挽救羊群，不得不再次向政府申请，引进了狼群。狼群的到来让草原很快又恢复了往日生机勃勃的景象。

没有了狼的追杀，羊群比以前生活得更加舒适，进而停止了奔跑。然而，停止奔跑并没有让羊群永葆生机，而是让羊群一度濒临灭绝。可见，忧患意识，无论是对青蛙还是羊群，乃至整个自然界都有着不容忽视的好处。

自然界中"优胜劣汰"的法则同样适合于人类社会。随着社会的进步，没有忧患意识的人只能等待着被淘汰。倘若你止步不前，别人仍在进步，那就说明你在倒退；倘若你止步不前，而后边的人却仍在奋力赶超，那你无疑就是在为别人加马力。没有人可以一劳永逸，今天的佼佼者，只要放松前进的脚步，明天就会成为别人的手下败将。

张羽和杨薇是大学同学，临近毕业，两人一起到一家外贸公司面试，竞争策划职位。最终杨薇因为创新的提案被正式录取，而张羽则被刷了下来。杨薇进入新公司后，很珍惜人生的第一份正式工作，每天最早一个到，最后一个走，不管是什么策划，只要经她的手，都力求完美，辛苦打拼两年，杨薇得到了经理的赏识，成了手下有十二名策划员的精英策划部经理。

成为经理之后，杨薇一下子放松下来，她觉得自己终于可以不再像以前那样拼了，做策划也不再亲力亲为，而是让组员完成了自己签字。

张羽面试失败后，回到学校认真反省了自己的不足，然后比以前学习更加努力了。毕业之后，她被国内一家数一数二的广告公司相中，做了广告策划。

杨薇做了一年的经理之后，觉得在现在这个公司不会再有晋升的机会了。因为公司规模小，而且经理以上的领导都是老板的亲戚或是合伙人，所以杨薇决定换个公司发展。正好这时候张羽的公司准备扩充业务，需要人才，张羽告诉了杨薇这个消息。

杨薇觉得自己现在是经理，到张羽公司肯定没什么问题，一周后，她胸有成竹地来到张羽的公司面试。结果面试的时候并不顺利，面试官问的很多问题，杨薇都答得支支吾吾的，不是很清楚。最让杨薇懊恼的是，这些问题都是她当经理的时候遇到过的，只是当时她懒得处理便交给手下的人了。最后，杨薇的面试失败了。

一名小小的职员，如同大海里的一滴水，随时都有蒸发的可能，因此，不能停止前进的脚步，必须提高警惕，要求自己不断进步，否则，就会被淘汰出局。而舒适、惬意让杨薇失去了继续努力的动力，于是她做了安逸的"羊"，直至"狼"重新出现在眼前，才恍然大悟，自己已经退化到无力奔跑。

小贴士

没有了压力，努力似乎就没有了意义。但事实上，职场中的努力永远没有终点。只有不断地树立新的目标，不断地接受新的挑战，甚至让自己处于竞争的压力之中，才能总是睁大眼睛去拼搏。而安逸享乐总会消磨人的意志。锐气全无的人，结果只能一败涂地！

男女搭配，干活不累

我们经常会听到周围的人说："男女搭配，干活不累。"而且这种说法在生活中也得到了证实，但这究竟是为什么呢？原来男女之间有一种特殊的相互吸引力和激发力，男女双方都能从和对方的交往中获得无法言喻的愉悦感，进而使双方的生活和工作都受到积极影响。这种在社会生活中普遍存在的心理现象被心理学家称为"异性效应"。

胡湘湘是一家连锁酒店在M市分部的公关经理，也许是因为职业的原因吧，胡湘湘在公司人缘颇佳，而且能说会道，只要有她出马，就没有搞不定的客户。

一次，一个旅行团入住酒店，因为房间分配问题，有几个男士一直赖在酒店大堂，既不愿意入住，还一直抽烟。大堂是禁烟之地，大堂经理急得不行，但顾客是上帝，他劝也劝不了只能干着急。最后胡湘湘被同事叫来，不知道和那几位男士说了什么，逗得他们哈哈大笑，不仅掐了烟同意入住，还一直道歉说没看到禁烟的牌子，态度简直一百八十度大转弯，连大堂经理都很惊讶。

这件事没过多久，酒店因为有事需要从总部调用资源过来，但是人事部的经理去了好几次，总部都含糊其辞，态度不甚明确。人事经理哪里受过这样的委屈，去了几次脾气也上来了，说要直接跟总公司的人反映这件事。胡湘湘知道后，把经理拦了下来，说自己愿意跟总部沟通，结果事情果然顺利解决。因为办事漂亮而且效率很高，所以很受领导的赏识。

有同事总结胡湘湘的成功秘诀，发现她思维缜密，工作大胆，关键是口才过人，除了这些，还不得不说，胡湘湘确实长得很漂亮，女人味十足，她举手投足间散发出来的职业女性魅力，很难不让人为她着迷。其实对比胡湘湘和大堂经理还有人事经理，两位经理的能力、学历并不在胡湘湘之下，但是胡湘湘却完成了他们感到棘手的事，归根结底还是因为异性效应的原因，也就是说，胡湘湘的成功得益于和她打交道的大多是男士。

学生时期，男同学总是喜欢漂亮的女老师，而女生则完全相反，她们喜欢帅气又干练的男老师，工作的时候也是这样，人们总是更喜欢与异性打交道。其实这些都是异性效应在发挥作用的结果。因为异性相处时，会下意识地想把自己最好的一面展现给对方，并且更有激情，而人满怀激情的时候，也是最富有创造力的时候，所以工作起来也会更愉快。"男女搭配，干活不累"的理论依据就来源于这个。

胡一鸣在一家IT公司工作，担任程序员一组组长，手下有十几名精英程序员。胡一鸣最近一直被一件很头疼的事困扰，那就是他的组员总是死气沉沉的，没有活力，他只是偶尔到组员中间，都觉得压抑的不行，更何况是组员呢？但是公司的二组却是另一番景象，二组组长曹亮手下程序员参差不齐，有精英，也有能力一般的。但是令人疑惑的是曹亮组的工作进度并不比胡一鸣组差，有时候反而还在一组之上。胡一鸣有一次好奇，去二组操作间看，里面的情景简直让他不敢相信。所有的组员有说有笑，充满活力不说，还时不时用人讲个冷笑话活跃气氛，大家看上去都十分积极。

胡一鸣实在疑惑，便去找曹亮解疑。曹亮说，一开始他们组的气氛也和一组一样，大家都很安静，基本上没什么交流，工作环境压抑的不行，但是自从他上个月新招进两个女员工之后，办公室的气氛便明显发生了改变。大家一下子变得积极起来，每天有说有笑，气氛活跃很多，都开始有人在上班时间讲笑话、逗乐子了。一开始他还觉得不妥，怕耽误工作，但是看到大家工作进度不降反升，效率提高不少，他也就不再说什么了。

曹亮可能并不懂心理学，但是他的这种管理正好是"异性效应"的最好佐证。了解了"异性效应"这一心理现象，身为职场中的管理者就更应该懂得如何将"男女搭配，干活不累"的作用发挥到极致。心理学家研究发现，如果在一个工作环境里，只有男性或女性，不管是多么优越的工作条件，多么高超的自动化程度，大家总是容易疲劳，而且工作效率也无法提高。

小贴士

"异性效应"是一个得到大家普遍认可的心理现象，也得到了心理专家的证实。所以管理者在对员工进行管理的时候，也可以借鉴"异性效应"，为员工提高效率作一点改变。

为自己制定周密的工作计划

美国行为科学家艾得·布利斯提出的"布利斯定律"说：花费较多时间为一次重要的工作做一个事前计划，那么做这项工作所用的总时间就会减少。做事有计划有安排，不仅可以提高工作效率，而且事情成功的概率也更高。

有心理学家曾做过这样一个实验：

他们将60名学生分成3组，然后用不同的方式训练他们的投篮技巧。

第一组学生的训练方法是，每天花6个小时的时间练习投篮，然后把第一天和最后一天投篮的个数记下来。第二组学生也记下了第一天和最后一天的投篮个数，但是他们在这期间并不需要训练。第三组学生则是有教练为他们制订了详细的计划，先从投篮动作，然后是弹跳，循序渐进，训练了一个月。

最终的实验结果是第一组的学生投篮总数比一个月前多了14个，第二组的成绩基本不变，第三组则多了26个。这也就是说第三组每个学生都至少有一个的进步。

实验结束，专家得出结论：行动之前进行头脑热身，构想要做之事的每一个细节，并将这些细节牢牢地铭刻在自己的脑子里，一旦行动起来，便会更加得心应手。

心理学家的实验表明，在做任何一件事情前，如果做出周密的计划，将会大大增加行动成功的可能性。倘若说目标是努力的方向，那么计划就是做事的方法。其实，目标与计划是密不可分的，有了目标，就要随之制订出一份严格可行的计划来。只有遵循计划一步一个脚印地稳步前进，才能实现宏伟的目标。倘若只有目标而没有完整的计划，行动起来就像是无头苍蝇，到处乱撞。

晓菁和欣怡都是一家礼品推销公司的销售员，晓菁每个季度的业绩都比其他的成员好很多，欣怡很羡慕，便向晓菁讨教方法。晓菁说："其实这不难，我只是在每次去跟客户交谈之前都会先了解客户的大致情况，然后根据每个客户不同的需要，制订详细的计划，争取逐步拿下订单。"

"比如我上周刚拿到的达能文具店的1000个礼品盒的订单，一开始所有的业务员都觉得一个小小的文具店，肯定没什么油水，所以都没去推销。但是我并不这么认为。在文具店周围转了一周，又在店内做了几次生意之后，我注意到，每天都会有很多附近的学生来文具店买笔记本或是钢笔，把它们当作礼物送给同学。而文具店因为暂时还没有礼物包装这个业务，所以每次都会便宜几块钱当作客户再去外面包装的包装费。我想到公司的仓库里面还有许多以前包装礼品剩下的礼盒，正好可以趁此机会卖出去。"

"我先把这件事情向经理作了汇报，然后提出了详细的方案，经理见我已经计划周详，同意将那批礼品盒交由我处理。最后我找到文具店老板，跟他说了我的建议，最后他同意以每个0.5元的价格收购我的礼品盒。过了一阵儿我再次去文具店，老板说有了礼品盒不只成本下降，生意也比以前好了不少。当他知道我是推销礼品的业务员时，当下立刻找我预订了1000件大小不一的礼品摆件，说是可以包装成生日礼物卖给学生。"

听晓菁说完，欣怡终于知道自己以前失败，并不在于公司产品，而是因为自己胡子眉毛一把抓，而且在向客户推销前，自己也没有个详细的计划，所以容易被客户牵着走。知道这一点后，欣怡调整了自己的心态，不再毛毛躁躁，只要决定推销了，事先一定会做一个完整的计划，然后根据自己的计划，一步一步拿下订单。效果不错，两个季度之后，欣怡的订单量就已经赶超了大多数人，成了业绩第二名的推销员了。

有关权威研究机构的研究结果显示，在成功实现目标的人当中，未制订计划的人数比例则只有22％，而且他们的成功多半带有偶然性，而事先制订计划的人数比例则高达78％。

当然，不管是目标还是计划，倘若没有付诸行动，那么一切都只是空话。工作上也是如此，每个在职场打拼的人，都有自己的梦想和目标，没有谁会甘于平淡，但是有的人在职场中可以做到游刃有余，有的人则表现得束手无策。造成这种差别的一个很重要的原因就是，成功者都十分擅长对自己的人生作出规划，不管他们做什么事，都可以做到有条不紊。而当一个人一旦开始按照科学的、积极的方法实施自己的计划时，他就已经通向了成功的大门！

小贴士

我们也常说"计划赶不上变化",在实现计划的过程中,总会出现意想不到的问题。这并不代表计划是无足轻重的,相反,我们需要在行动中进一步检测和完善我们的计划。

不要放过任何一个小细节

在美国科学促进会上的一次演讲中,洛伦兹提出了"蝴蝶效应",其主要内容就是:在南美洲热带雨林里的一只蝴蝶,如果偶尔扇动几下翅膀,就有可能引起美国得克萨斯州两周后的一场龙卷风。其原因是,蝴蝶扇动翅膀时,会使身边的空气系统产生变化,容易产生微弱的气流,而微弱的气流还会使空气也相应地发生变化,最终引起连锁反应,导致美国得克萨斯州的天气出现极大的变化。

"蝴蝶效应"之所以令人着迷、令人深思,除了它本身迷人的美学色彩和大胆的想象,还因为它深刻的科学内涵和哲学魅力。也正是因为这个原因,蝴蝶效应被广泛应用到了政治、经济、军事等许多领域。

一位歌唱家晚上在剧院表演完后,和助理一起散步回家。当时正值下班乘车的高峰期,街上的人川流不息。突然,歌唱家看到一个衣衫褴褛的男子闭着眼睛在台阶上蜷缩着,而路上的行人就跟没看见他似的,匆忙赶地铁的路人,甚至还会从他身上跨过去,歌唱家很震惊,便叫停助理,想问问这位男子究竟发生了什么事,但是没想到他这一停,耐人寻味的一幕出现了:不只是歌唱家,还有几个人也跟着陆续停了下来,不一会儿,这位男子身边就已经聚集了小批关心他的人。有个小孩把手里的酸奶给了他，还有一位阿姨给了他面包和饼干，一位看起来很有经验的男士打电话叫了救护车。现在男子正坐在台阶上一边吃着面包，一边等救护车。

大家通过和他交谈得知，他并不是本地人，是从其他地方流浪来的，因为已经好几天没有吃东西，所以刚刚在地铁门口饿晕过去了。

为什么起初大家都对这个流浪的人毫不关心，现在却忽然发生这么大的转变呢？这一切的转变，其实正是由于一个人的关注。因为歌唱家停下了脚步，所以越来越多的人开始注意到这个流浪汉，发现他的困窘，进而向他伸出援手。

一个人出现了改变，周围的一些人就会随他一样改变；一些人出现了改变，就有更多人随他们改变；许多人变了，世界也有可能出现改变。相反，对于任何微小的纰漏都不在意，任由其发展下去，那么这个纰漏就会和多米诺骨牌一样导致全盘皆输。就像一阵微风有可能引起雪崩，一个烟头也可能烧光整片森林。

在美国标准石油公司，曾有个小职员名叫阿基勃特。出差住旅馆时，他总会在自己的签名下方写下一行字"每桶四美元的标准石油"，他的书信以及收据上只要签名，就会带上那一行字。因此，他被同事们戏称"每桶四美元"，久而久之，他的真名反而没人叫起了。

公司的董事长洛克菲勒听闻这件事情之后说："竟然有职员如此努力地为公司声誉做宣传，我一定要见他一面。"于是他邀请阿基勃特共进晚餐。

再后来，洛克菲勒卸任了，阿基勃特成为了公司第二任董事长，这件小事明明谁都能够做到，然而只有阿基勃特一个人会去做，并且持之以恒，乐此不疲。在那些嘲笑他的人中间，肯定有很多人的能力与才华都超出了他，然而最后，董事长的职位却给了他。他之所以能够成功，并非偶然事件。他的下意识的行为是他的习惯，而这一行为也表现了他积极进取的人生态度。就像心理学家詹姆士说过的："播下一个行为，你就会收获一种习惯；播下一种习惯，你就会收获一种性格；播下一种性格，你就会收获一种命运。"我们的人生之中，一个习惯性的动作，一个灿烂的笑容，一次大胆的尝试，都有可能产生意料不到的成就与辉煌。

由此能够看出，人生需要从全局着眼自己的成功与失败，忽略了任何一个细节，都有可能影响了最后的成功。因此，只有重视小事，注重细节，才可以避免"一着不慎，满盘皆输"的情况。有的时候，一个微小的行为，看起来是一件不足挂齿的小事情，似乎没必要认真对待，然后小事并不小，从小处可以窥全局。小和大之间，是没有不可以逾越的鸿沟的。

小贴士

所谓"细节决定成败"，这里的细节包括你生活的方方面面，它可能是你的某一个习惯，也可能是你以前没有注意到的某一个点。但是不管是什么，它都应该是对事情的发展能起到作用的。

心理学与管理：如何不管那么多，还能管出好结果

管理绝不是用你的权利去控制别人，而是让别人顺从你的意愿并快乐地去工作。让人们乐于尽力，是管理一直以来的目的，但是要真正做到这一点并不容易，没有人愿意屈居人下，也没有人愿意受他人管束，所以要想让别人顺从自己，就必须有让人信服的手段,这就要求你掌握和领悟必要的管理法则，走进员工内心，真正让员工信服！

"鸟笼效应"的利与弊

"鸟笼效应"是一个著名的心理现象，又称"鸟笼逻辑"，是人类难以摆脱的十大心理之一，其发现者是近代杰出的心理学家詹姆斯。

詹姆斯和另一位有名的心理学家卡尔森是十分要好的朋友。一次两人聊天，詹姆斯很笃定地说："我跟你打赌，不久之后，你一定会养一只小鸟。"

"这不可能，我可一点都不喜欢这些消遣。"卡尔森很自信地说。

这次打赌没过几天便是卡尔森的生日。下午，卡尔森和家人过完了生日，便收到了詹姆斯的生日礼物，一个别致的鸟笼。卡尔森看完礼物，给詹姆斯打电话，"朋友，有了鸟笼，你就能胜券在握了吗？我只当它是一个美丽的工艺品。"说完，卡尔森把这件别致的"工艺品"摆在了架子上。

但是令卡尔森没想的是，自从摆上这个"工艺品"之后，自己的生活就完全被打乱了，只要有人到卡尔森家做客都无一例外地会问："教授，您养的鸟死了吗？怎么鸟笼子是空的？"卡尔森一开始总是不厌其烦地说："没有，这个鸟笼是朋友送的生日礼物，我并没有养过鸟儿。"但是不管他解释多少遍，朋友都还是很疑惑，因为不养鸟却放一个鸟笼在家，实在是一件很奇怪的事。而且只要有新朋友来就还是会问，最后卡尔森不胜其扰，干脆去买了一只鸟放在笼子里。

詹姆斯的预言就这样成真了。卡尔森不解，问詹姆斯原因。詹姆斯说："一只空荡荡的鸟笼，即使没有人问鸟儿的去向，主人也无法真正地把它当成一件艺术品来欣赏。况且放一只鸟儿放在鸟笼"，远比不断向人解释鸟笼里的鸟儿哪去了简单得多。这其实就是"鸟笼效应"，即人们会在偶然获得一件原本不需要的物品的基础上，自觉或不自觉地继续添加更多自己不需要的东西。

"鸟笼效应"在职场上同样很适用，尤其是针对企业管理的时候，领导更要懂得"顺势而为"这个道理，要根据企业的具体情况制定管理方针和战略，而不是放置太多的空鸟笼，然后再不停地往里填东西。

齐明是一名海归，在国外修的是企业管理，对现代企业管理有很深的研究，对旧的企业的积病也有一定的研究。所以刚一回国，齐明便被老师安排给一家连续三年亏损的国有企业进行"诊断"。他到企业进行了实地考察之后发现，这家国企的管理结构还很老旧，很多位子都是"空着的鸟笼"，比如"执行总裁"，只是因为历史原因，它们还一直保留着。

齐明很快给出了解决方案，那就是不要怕改变，进行大刀阔斧的管理体质改革。而改革的第一步便是撤掉类似执行总裁这样的职务。扔掉了这些"空鸟笼"之后，不仅企业的开支明显减少了，而且这一动作在各部门都起到了以儆效尤的作用，大到部门领导小到普通职工的竞争意识、危机意识都在不断增强。因为大家都清楚地认识到，一旦那个没用的"空鸟笼"成了自己，那么自己肯定会被毫不客气地拿掉。

齐明诊治该企业的核心就是精简整个组织结构，这样一来，那些类似的"空鸟笼"就被扔掉了。丢掉包袱，人们可以轻装前进；同样的道理，没有了包袱的企业，也可以发展得更迅速。所以改变不久，该企业的效益开始好转。

了解了"鸟笼效应"的危害，在企业管理的过程中就要避免这种现象发生。如果企业中到处都挂着"空鸟笼"，势必会成为企业发展的阻力。这个时候，最为明智的做法就是将这些毫无意义的"空鸟笼"丢弃。身为企业管理者，倘若知道在员工的心里适时地挂上一只"空鸟笼"，为了这只鸟笼不至于招致非议和异样的眼光，员工们最终会选择在里面放上一只

"小鸟"。

当然，"鸟笼效应"作为人们的一种心理作用，如果利用得好同样是可以激发人的上进心的。

上海的N公司就曾遇到过这种情况。当时N公司还处于创业阶段，公司的军恺和王元能力突出、表现优异，都是公司需要的人才，两人都在竞争市场总监这个职位。经过反复斟酌之后，公司任命军恺为市场总监。但是公司也深知留住另外一位人才对公司的发展很重要，于是为了留住王元，公司又另成立了一个部门，并让他担任该部门的经理。最终，通过这种特殊的"以人定岗"的方式，为公司留住了人才。

N公司这种"以人定岗"的做法，其实正是对"鸟笼效应"的一种应用。在对企业进行管理时，理解人性的重要性，科学定岗，并明白重新对组织结构进行审视的必要性正是"鸟笼效应"带给企业管理者的启示。

小贴士

对企业管理者来说，"鸟笼效应"有利也有弊，关键看怎么利用了。但是作为个人，则是要避免"鸟笼效应"对自己的影响，因为它会误导自己，用一些十分不必要的东来填满鸟笼，而这实际上是不必要的。

做一个给下属带去温暖的领导

法国一位作家写过这样一篇寓言故事：北风和南风比赛，看谁能先让行人脱下衣服。北风先挑战，它来到一座小镇，刮起了一阵强风，结果镇上的行人冻得瑟瑟发抖，反而把衣服扣得更紧了。然后南风徐徐吹动，瞬间阳光明媚、风和日丽，行人见暖风徐徐，十分惬意，便解开了衣服的扣子，过了一会儿，又脱下了身上的大衣。南风获得了最后的胜利。

这则寓言很形象地说明了一个道理，温暖胜于严寒。放到管理实践中，可以理解成：领导应该尊重和关心下属，多站在下属的角度，为下属着想。这是南风法则的关键和精髓，如果我们把这一法则运用好了，不仅可以让劳动者工作的时候更体面和有尊严，还能让企业时刻焕发活力。

刘峰峻是一个C市峰峻房地产公司的老板，非常有钱，出手也很阔绰，按道理来说，在这样的老板手下工作的员工应该是很幸福的。但事实却并非如此，峰峻地产公司的人员流动一直非常大，尤其是最底层的员工，基本每两年就相当于一次大换血。人员流动如此大，对一个公司的发展显然是不利的，老板刘峰峻也意识到了这个问题，他找来专家团队为公司诊断。

专家团队来了之后，明访和暗访了公司最底层的一些员工，之所以暗访，是因为有些员工已经准备离职，所以不愿公开接受采访。这其实已经很直观地反映出公司的问题了。从采访员工获得的资料，专家团队得出的结论是，员工都认可公司待遇不错，当初会选这里也是因为这个原因。但是大家也都反映在这个公司感受不到一点人情味，大到老板，小到经理都十分冷漠。小红正准备离职，她跟调查的人说了一件她经历的事。

一次，她上班的时候打电话，被经理看到，小红正准备解释这么做的原因，没想到经理什么也不听，劈头盖脸说了她一顿，小红知道是自己不懂规矩在先，便什么也没说，只是说了句抱歉。但是没想到事情并没完。周五下班前的例会上，经理又把这件事翻出来，言辞犀利地说："年轻人，还是不要光知道恋爱，还是先把工作做好，才有资本。"被大家异样的眼光瞧着，小红很委屈，因为她那次之所以上班打电话，是因为家里有人出事了，她离得远不能回家，只好打电话问一下情况。

调查员发现类似这样的事情还有很多，虽然老板和经理也是坚持原则，并没有什么错，但是这样对员工毫不关心，造成的误会，已经让员工的心凉了。

古人云：得人心者得天下。这句古语同样适用现代职场，只有真正赢得了员工的心，员工才会为企业的利益全心全意地奋斗。这就要求管理者在平时工作中要多点人情味，少些铜臭味，培养员工对企业的忠诚度和认同感，只有这样才能让企业在竞争中无往不胜。

盛和财务公司经过两年的发展期，规模不断扩大，办公室也由之前租的两室一厅，搬到了正规的写字楼。经过重新调整，公司又新增了两个部门，招了12个新员工。办公室布局因此发生了很大的变化，但是也有没变的，那就是在老板的坚持下，原本为员工准备的休息间，到了新公司，依旧为员工保留着，而且老板还贴心地在休息间准备了沙发、抱枕和水果，供员工午休的时候享用。

午休是每一个员工都享有的权利，只有午休休息好了，员工下午才会更有活力，工作的效率也会更高。而让员工午休睡得舒适则是每一位老板都应该考虑的事，令人感动开心的是，现在越来越多的公司都已经意识到并逐渐重视这种人性化的举措。

事实早已证明，任何无坚不摧的团队，都有一套能吸引人，让人信任的管理方法。这种方法能让员工在工作的过程中，与公司彼此信赖，切实地感受到爱和温暖。在这样的环境下工作，员工即使有压力，也会充满动力与乐趣。因为这里有暖暖的南风吹过，有明媚的阳光呵护。

小贴士

企业的发展，贵在人和，而要人和，就不能离开"暖意融融"的南风法则。一个企业要想长久地走下去并不断地发展壮大，首先必须得有核心人才，其次是能留住人，不只是留住核心人才还包括底层员工。只有员工稳定、员工心情愉悦，员工才会把公司当家看待，公司里的人才能团结起来，拧成一股绳，共同向前发展。

加强沟通才能从源头解决问题

蜜蜂用"跳舞"作为信号，来通知同伴蜂蜜的各种信息，等同伴接收信息后，再一起去采蜜。奥地利生物学家弗里茨通过对蜜蜂的细致研究，发现蜜蜂的"舞蹈"主要有"圆舞"和"镰舞"两种形式。每一种舞蹈形式都代表不同的行动信号。蜜蜂正是通过变换不同的舞姿在行动中向同伴传递信息的。

蜜蜂的这一交流方式，被心理学家应用到管理学中就是著名的"蜂舞法则"，"蜂舞法则"重在提醒管理者：信息是主动性的源泉，要想改善管理的效果，就必须加强沟通。著名管理学家巴纳德认为：沟通是一个把组织的成员联系在一起，以实现共同目标的手段。有关研究表明：管理中，由于不善于沟通造成的错误高达70%。由此可见，在企业管理中，沟通是解决一切问题的最重要方法。

瑞瑞是个北方姑娘，性格活泼、擅长交际，许多人都爱和她做朋友。大学填报志愿的时候，瑞瑞填报了人力资源专业，并以优异的成绩从学校毕业了。

毕业之后，瑞瑞面试了好几家招聘人力资源专员的公司，经过权衡利弊，最终选择了本市一家食品发展公司。原因是这家公司规模还算可以，每年发展速度较快，而人力资源部门是该公司新成立的部门，瑞瑞只要做得好，过了试用期，就是该部门的骨干。

刚进公司，瑞瑞觉得自己几年所学终于有了施展的天空，可以好好一展自己的抱负了。但是试用期刚过一半，瑞瑞就感到失望了。

原来这家食品公司是典型的家族企业，企业中的关键职位都是由老板的亲属担任的，公司里到处都是裙带关系。就在瑞瑞上班不到十天的时候，老板就安排了他的侄儿做瑞瑞的直属上司，但这个人主要负责的是产品研发的工作，对人力资源完全不了解。在他眼里，只要有技术、能赚钱，其他都不重要。一天中午，趁着经理正好在，她拿着自己做好的建议书推开了办公室的门。

"王经理，我上班也快一个月了，我个人有一些工作上的想法想和你谈谈，您有时间吗？"瑞瑞诚恳地问道。

"哦，是小瑞呀，我刚被调来不久，本来也想找你聊聊，但是一直忙着新产品研发的事，就忘了。既然你都来了，有什么，就直说吧。"王经理态度不错。

瑞瑞在接下来的十几分钟里跟王经理说了她对公司存在问题的看法，并提出建议，即使是家族企业，也应该逐渐改变观念，让有能力的人待在岗位上，这样员工也会更有动力。但是话还没说完，便被经理打断了。

王经理不悦地说："你说的这些问题，我们公司确实存在，但是你不得不承认，我们公司这两年一直有盈利，而且规模正逐渐扩大，这说明我们的体制是有它的合理性的。"

"家族企业一开始都发展的很好，但这并不代表将来，大多数最后都败在了管理上。"蕊蕊据理力争。

"好吧，既然你坚持己见，那么你先把提案放在这儿，我具体看了和老板商量之后再给你答复，你先出去工作吧！"说完王经理的注意力又回到了产品研究报告上。

瑞瑞这一次切实感到了不被认可的失落，也预测到了这次建议的结局。果然直到瑞瑞实习期快结束，都没有等来经理的"结果"，那个提案早就被遗忘在角落了。如今实习期结束，瑞瑞虽然不甘心，但又实在不愿继续在这儿苦苦纠结，所以果断辞职离开了。

其实瑞瑞的故事在现在的企业管理中十分普遍，它们无不在向我们提醒着一个事实：企业内部沟通不良甚至恶劣的状况，必然是长期存在的。只要有团队、有管理，就肯定需要沟通，因为消除误会、减少摩擦、避免冲突、化解矛盾的最有效手段正是沟通。只有保持良好的沟通，才能发挥团队和管理的最佳作用。

虽然大多数人可能会觉得瑞瑞的做法冒失，但的确是勇气可嘉。作为领导，如果无法给她一个肯定的答复或者觉得短时间内企业无法作出改变，完全可以换一种说法，委婉地向员工表明情况，而不是给员工许了美好的愿望之后，再也不理这类问题。这种做法不仅无法平息员工的不满，甚至可能造成员工的误解，最终导致人才的流失。

小贴士

一个不善于沟通的人，在交际、工作的过程中会遇到很多意想不到的麻烦。因此，现代管理者一定要积极、主动地与人进行沟通，无论是下属还是客户，甚至萍水相逢的陌生人，只要你愿意主动打破沉默或是僵局，都会有意想不到的惊喜等着你。

及时把第一块"破窗"补好

菲利普·津巴是美国斯坦福大学的心理学家，1969年他曾做过这样一个实验：他先是找来了两辆一模一样的汽车，然后把它们分别停在加州帕洛阿尔托的中产阶级社区和相对杂乱的纽约布朗克斯区。他摘掉了停在布朗克斯的那辆车的车牌，并打开了它的顶棚，结果当天这辆车就被偷走了。而放在帕洛阿尔托的那一辆，一个星期过去了，仍旧完好地停在那里。后来，津巴用锤子在那辆汽车的玻璃上敲出了一个大洞。结果呢？没几个小时，它就被盗了。

政治学家威尔逊和犯罪学家凯琳以这项实验为基础，提出了"破窗效应"理论，他们认为：如果一幢建筑物的窗户玻璃被人打坏了，而这扇窗户的主人又不及时修理的话，路过的人就可能受到某些示范性的纵容去把更多的窗户打烂。时间长了，这些破窗户就给人一种无序的感觉，最后导致在这种公众麻木不仁的氛围中，滋生犯罪，甚至越来越猖獗。

纽约地铁被全世界认为是可以"为所欲为""无法无天"的场所，每年在那发生的犯罪案件数不胜数。但是交通警察局局长布拉顿从"破窗理论"中得到启发，针对纽约地铁内犯罪率一直居高不下的实际情况，对地铁的管理措施进行了整改。他以"破窗理论"为基础，在纽约地铁内犯罪率不断上升的时候，加大了对地铁套票人员的抓捕力度，结果令人震惊。每七个逃票人员中就有一个通缉犯，每二十个逃票人员中就有一个携带枪支、管制刀具的人。从计划抓捕地铁逃票者开始，纽约地铁内的犯罪率年年下降，治安状况也不断好转。

其实不只是纽约地铁，在我们周围也经常能感受到破窗理论。例如，如果在一家企业里，一个员工违反规定的行为没有得到管理者足够的重视或管理者有意纵容，那么这位员工犯错的次数会增多，然后就会演变成不愿遵守秩序的员工越来越多。又如，一条街道如果一直很干净，那么路过的人们便会因为不好意思而不往地上扔垃圾，但是一旦地上有了垃圾，便会有越来越多的人往地上扔垃圾，而且不会有羞愧感。

约翰在一家日用品公司的生产部门工作，算得上是该公司的老员工了。一次，约翰去检查生产小组的工作，看到小组的工作人员正在进行一天收尾工作，便和下属一起干起来。这时他正好看到有一瓶食品添加剂敞开着就摆在生产线上，约翰想这应该是员工一时的疏忽，便没多在意，谁知道，这瓶添加剂却差点酿成大祸——添加剂被碰倒，洒在了还没来得及关闭的生产线上。要知道这对食品安全来说，可是致命的，虽然最后被第二天上班的员工及时发现，做了清理，没有酿成大祸，但还是引起了老板的高度重视，对负责食品添加剂的员工作出了开除处理。

约翰也因为没有及时处理承担了连带责任，约翰不解，既然没有出现致命的问题，为什么还要罚得那么重，于是跑到新上任的老板的办公室，讨要说法。新老板的回答是："生产线是食品生产最基础的环节，也是最重要的环节。如果连生产线的安全都不能保证的话，那么食品公司是谈不上长远发展的，所以我并不觉得这是什么小问题。"约翰听了十分羞愧，也终于意识到了问题的严重性，主动接受惩罚，换了部门。

其实，新上任老板的做法就是在及时修补"第一扇被打碎的窗户"，虽然这次食品添加剂并没有造成实质性的损失，但却暴露了问题的存在，如果老板不够重视，那么就不能引起员工的重视。等到真的造成损失的时候再来改变，就真的晚了，所以在工作的过程中，管理者必须高度重视那些看起来是个别的、轻微的，但触犯了公司核心原则的"小的过错"，并应严格按照规章制度处理。"千里之堤，溃于蚁穴。"如果不能及时修理好"第一扇被打碎的窗户"，将会带来无法弥补的损失。

小贴士

其实，任何一件大事都是由无数小事组成的，若能将细节做到完美，结果才有可能完美。因此，我们在工作中必须毫不松懈，时刻警觉地注意到那些看起来个别的、轻微的问题，及时修补"破了的窗户"，千万不能自欺欺人、视而不见，否则，"窗户"一旦被打破，只会使问题恶化，造成更严重的后果。

一个企业只需要一套标准

心理学上的手表定律说的是当一个人拥有一块手表时，可以准确地判断时间，但是当一个人拥有手表在两块或超过两块的时候，反而不能更准确地判断时间，它们只会制造混乱，让看表的人彻底失去对时间的判断。一个人正常情况下，不可能会戴两块手表，因此，我们对待同一件事情，也绝不要同时设定两个不同的标准，否则除了使这件事情变得复杂、毫无头绪外，对我们没有任何益处。

对于每个人来说，同时选择两种不同的价值观也是不可以的，如果是这样，我们的行为和思维都将陷于混乱；对于一个企业来说，更不能同时出台两个相互矛盾的标准，因为这将直接导致这个企业无法正常运转。

小贺是一家外企的市场部专员，因为企业采取的是矩阵型，也就是一个职位的职员要向两个上级汇报工作。所以小贺既要向本地的首席代表汇报工作，也要向市场经理汇报工作。但是首席代表和市场经理所专长的项目是不一样的，首席经理认为自己更了解中国的市场行情，而市场部经理觉得自己有更专业的判断力，所以小贺从两位领导那收到的指令是不一样，有时甚至是相悖的，也就是出现指令混乱。小贺为了避免自己出现判断失误，只好把工作计划发给两位领导，等他们都回复了再执行。也正是因为如此，小贺的工作效率始终无法提高。

这就是没有明白手表定律而产生的后果。其实国外总部与国内分公司都是站在促进公司发展的同一个立场，然而在操作过程中却产生了分歧，给市场专员的手上"戴"了两块"表"，他也就混乱了，结果影响了公司的发展。

做事情之前必须要有一个明确的目标与价值标准，然后脚踏实地地去努力，只有这样才会有成功的可能。所以，当两个目标、两种思想同时出现并相互冲突时，我们必须放弃一个，这是毋庸置疑的。人的价值观和做事的标准只能坚持一个，多了或是少了都将使自己混乱、迷惑。

从前有一位磨坊主，周末的时候，妻子要他去集市采办生活用品，于是他便和儿子一同赶着驴子上路了。路上他们遇到了一个卖豆腐的大婶，大婶见了他们，笑着说："看这对父子多傻呀，有驴不骑，非要走路，哈哈哈哈……"磨坊主觉得这话说得不错，便让儿子坐到驴身上，自己在地上赶着驴继续往集市上走。

走到村口的时候，他们遇到了一个在树下抽烟的大爷，大爷见了他们，说："看这个儿子多不孝啊，居然自己坐在驴身上，让父亲在地上走！"磨坊主听了大爷的话，只好让儿子下来，坐到驴身上，继续赶路。

走了一路，他们遇到了几个带着孩子的妇女，妇女见了父子俩，说："看那个父亲多狠心呀，居然自己坐着毛驴，让儿子自己走路。"磨坊主听了，只好抱起儿子，和他一起坐在驴身上继续赶路。

离集市还有两里地的时候，他们遇到了一位老奶奶，老奶奶指着这对父子说："看他们多残忍啊，居然如此虐待一头小毛驴。"一路上听着别人的建议，磨坊主觉得自己已经不知怎么做才好了，于是干脆和儿子把驴的四肢绑起来，抬着驴进城。

世界上的标准有千千万，即使是面对同一件事情，每个人衡量的标准都会有所不同。标准不一样，观点也就不同，当然，别人的好的意见和标准我们可以参考、学习，但是你要知道，标准和意见并不是越多越好。因为标准多了，人反而会感到无所适从。所以，我们只要学会坚持自己的立场和观点就足够了。

小贴士

现实生活中，有太多人因为拥有"两只表"而让自己无所适从，心力交瘁，不知道该选哪一个。这是十分愚蠢的，也是十分可悲的。因此我们一定不要步他们的后尘，而是在一开始就明确自己想要的。

拓宽眼界，多给企业一些选择

1631年，在英国剑桥有一个商人名叫霍布森，他从事的是贩马的生意。在卖马的时候他总是和别人说：我的马最好，也最便宜。只要支付一点金钱，不管要哪一匹，不管是买还是租，都由你选择。然而在他将马放出去任对方选择的时候，都会有一个附加条件，即只能挑选离门口最近的一匹马。很显然，有了这个条件，就相当于不准人挑选。这种没有选择余地的选择，被后人讥笑为"霍布森选择效应"。

霍布森选择明显是一个假的选择，因为它给的选项只有一个。故事里我们能够看到，霍布森选择展现给人们的是一个十分诱人的陷阱，当人们看到低廉的价格时，会被吸引，都跑到他这里挑马，但是马圈的门太小了，人们根本无法挑到又高大又威猛的好马，要么就只能多花钱买自己喜欢的马。这样的选择，明显是落进霍布森的圈套里。

事实上，在我们的生活里，随处可以看到霍布森选择。比如，有一些商家会举办返券促销的活动，表面看上去消费者占了便宜，但是事实上，基本这类活动送的代金券都是有限制的，有的品牌店不参加这种活动，即使参加活动，其当季的新款产品也不能用代金券。再举一个例子，有个大学生毕业以后能自己创业，能继续读研，也能出国镀金，但是因为囊中羞涩，以上选择都变成了名存实亡。再换个角度讲，眼下社会中将学历当作标准，加上父母都希望自己的孩子可以进一步深造，都迫使孩子只能选择去考研，残酷的社会竞争让年轻人没有选择。

这时候我们就要展开思维，放宽眼界，用更为灵活的方法寻找新的出路，因为若是没有选择，就相当于扼杀了自我前途。一个人选择的环境如何，他的生活就会如何，要想取得进步，必须拥有更多的选择。

M市的一家服装公司准备招聘一名设计师。秘书接到总经理的工作安排和相关要求后，在网上发出了这样的招聘广告。

本公司现招聘服装设计师一名，要求：服装专业毕业生，有两年以上工作经验。待遇：月薪8000元以上。

一周以后，秘书在应聘者中挑选了3名符合要求的人并告知周一前来面试。周一，领导面试了3位设计师以后，发现都不满意。公司的总设计师提议，放宽要求，不要局限于本专业的人，而是欢迎所有热爱设计的人，拿着自己的作品前来面试。最后公司录用了一个没有任何经验的素描专业应届毕业生。虽然这个学生没有经验，但是他绘画实力不错，关键是想象力绝佳，这对需要创意的设计师来说，简直是再好不过了。

如果一家公司挑选员工的时候，只局限在自己的小圈子里，那么不管怎么选，不管如何自由、公平、公正，也都是小范围的选择而已，非常容易发生"霍布森选择"的问题，一不小心就容易掉进霍布森选择的陷阱里。

那么，如何才能避免掉进霍布森选择的陷阱里呢？这就需要我们使用科学的思维方式做好备选方案，实事求是，展开广泛的调查，充分地了解有关的信息，找到解决问题、达成目标的方法以及有关的限制条件。通过总结与分析，权衡利弊、区分优劣，制订出多项优秀方案以备不时之需。只有在这样的基础上作出的选择才是最好的选择。

社会心理学家认为：若是掉进霍布森选择的陷阱里面，就无法有创造性地生活、工作以及学习。这个道理非常简单，好和坏，优和劣，都是在选择与对比中体现出来的，只有制订了相当数量与质量的方案来方便选择的时候，才可能使其合理，得到优化。因此，只有在很多能够提供对比与选择的方案里展开研究，并且可以在了解的基础上进行判断才称得上是判断。因此，没有多种选择的选择就是没有选择，也就扼杀了创造。

小贴士

不管是选拔人才还是日常工作，我们都应该让自己富有创造性，一成不变，是不会有进步的。故步自封或陷在自己固有的观点里，是无法让企业得到发展，工作得到进步的。

只有成为权威，才能让人信服

现实生活中，我们不难看到这样的例子：某公司要推出新产品了，第一步首先是找业内的权威人士使用，然后请他们帮忙推销。一部电影要开拍了，最有号召力的演员都会最先公布，吸引眼球，或留在最后压轴，而不是在中间不温不火的位置，因为那样就浪费这么好的资源了。电影上映了，也会先找权威影评人观影，然后用他们的评论（好的）做舆论，吸引观众，达到增加票房的目的。人们之所以会在做一件事情之前，先习惯性地找权威人士为自己"造势"，其实正是因为心理学上的权威效应——认为专家的观点不会错。

权威效应之所以存在，而且被人们屡试不爽，有三个原因：第一，人人都具有"安全心理"。换言之，人们为了降低出现错误的"保险系数"，会在心里认可权威人物为正确的楷模，服从权威人物带给自己的安全感。第二，人们都具有"赞许心理"。换言之，人们对杰出人物普遍具有一种敬佩和模仿心理。第三，人们习惯性地认为权威人物的要求是与社会规范挂钩的，所以会觉得按他们的要求去做，就能获得各个方面的赞许与奖励。

刘备为了请诸葛亮出山当自己的军师，为自己效力，不惜三顾茅庐。但是当时诸葛亮只是一个书生，而且没有行军打仗的经验，所以关羽和张飞还有当时的很多人并不是很服他。在关羽和张飞看来，自己是在前线带兵打仗的将军，怎么能够听从一个书生的指挥呢？更何况他们俩和刘备是拜把子的兄弟，那肯定比诸葛亮和刘备关系亲密。所以每次诸葛亮随军指挥的时候，两人都会处处掣肘。

有一次，曹兵来袭，诸葛亮立下军令状，如果不能成功退敌，他甘愿受罚。关羽和张飞等人按照诸葛亮的吩咐，前去迎战，最后果然大获全胜。从这以后，关羽和张飞还有其他将士都变得十分佩服诸葛亮，对他敬若神明，对他的指挥再也没有任何异议。

从上面的故事我们可以看出，一开始关羽和张飞是不服诸葛亮的，因为诸葛亮只是个书生。那为什么后来他们会对诸葛亮敬若神明呢？其实，之所以会发生这么大的转变，还是在于诸葛亮在战场上证明了自己作为军师的实力，在军队树立了权威。其实在生活中我们也经常会遇到类似的状况，例如，刚刚任职的时候，作为一个没有做出成绩的新人，要想有人信你、服你，你就得"露两手"，在下属面前树立自己的权威，让他们甘愿听从你的安排。

赵睿原本在X企业的总部任市场总监，接受上级调派，去X企业的分部任总经理，据派给他任务的领导说的加上赵睿从各方了解的资料，赵睿知道该分部是一块难啃的骨头，企业内部年年亏损状态，要不是因为大企业有员工保障制度，员工也早就走了。不过即使没走，但是员工的斗志和工作气氛十分涣散，而赵睿此次调派的主要目的就是整顿内部，变亏损为盈利。

赵睿知道这事难做，但是没想到第一天自己就栽了个大跟头。第一天上班，赵睿通知全体工作人员一起开一个集会，但是没想到去开会的员工1/2都不到，而且开会时气氛松散，大家交头接耳，根本没把他这个新上任的总经理放在眼里。赵睿很生气，但是什么也没说，而是不动声色地谢谢大家来，便散了会。

新官上任三把火，第一把火没烧起来，在大家都以为赵睿就这么算了的时候，却收到了赵睿发来的邮件，希望大家积极参加总部举行的新产品造型创意大赛，要是赢了，发1万块的奖金。看完邮件，大家都不淡定了，虽然表面说不可能有10万元的奖励，但还是有不少人铆足了劲，熬夜加班画设计图。最后果然总部采用了其中一位员工的设计。赵睿践行诺言，自己出资，奖励了该员工1万块。

看到真的有奖金，大家惊讶的同时也认同了这次新老板是动真格的事实。因为对新产品的贡献，赵睿负责的分部重新被总部重视，终于不用只是处理其他分部没人要的存货。有了新的货源，公司的气氛明显变得不同，其实只要有动力，谁都愿意努力。不到一年，分部就在赵睿的带领下做到了年销售第三，虽然不是第一，但是总部依旧很开心，这一年，赵睿负责的分部的所有员工都拿到了丰厚的奖励，大家也更信任赵睿了。

既然人们都相信权威，那么在人际交往的过程中，想要有效地"制人驭人"，我们就要好好利用一下"权威暗示效应"。努力在员工中树立威信，让自己成为权威，只有这样员工才会真正地信自己，跟着自己，只有当我们真的成为权威，对方才会觉得我们是值得跟随的，周围的人才会更容易接受我们的领导和掌控，这样我们获得别人的帮助才会更容易，更容易获得成功。而赵睿之所以能赢得员工的信任，使大家团结起来，正是因为他践行诺言，在员工中间树立了威信。

小贴士

"权威效应"之所以这么有用，是因为大家对权威的认可和服从，而企业管理者在企业中树立权威，达到管理的目的，正是利用了大家的这种心理。不过管理者树立权威的时候，也要注意把握好度，做过了或做得不够都达不到效果。

用适当的"惊吓"为自己树立威信

一般而言，当人们受到惊吓时，其生理以及心理容易在短时间内产生剧烈的变化，血压升高，心跳加快，人会突然变得不理智，甚至有可能做出一些连自己事后都无法相信的事。部分心理学家将这种现象称为"惊吓效应"或"恐吓效应"。

在人际交往中，我们能够借助"惊吓效应"对结交对象的心理进行操纵与控制，然后使对方处于"惊吓"的非正常状态中做出对我们有利的行为。

春秋战国时期，楚国大夫申无害发现自己的守门奴仆偷喝酒。奴仆担心受到申无害的惩罚，就带罪潜逃了。

为了找到一个最安全的地方，守门奴仆想了很久，最终想到一条妙计。为了能够躲开申无害的抓捕，守门奴仆投身至楚灵王处，并且成了王宫守卒。守门奴仆心想：如此一来，申无害就没法抓到自己了，因为他总不敢来王宫抓人吧。因为当时楚国有一条法条就是：不管是什么人，都不能进入楚王王宫私自抓人。

守门奴仆想到的这个主意确实精妙，即使这样也没有难倒申无害。申无害直接到宫里将其带走了。楚灵王知道后，非常生气，命令申无害放了那人，并且还要治申无害私自擅闯王宫的罪名。

面对楚王雷霆之怒，申无害毫无畏色地回答："天上太阳有十个，人间也分为十个等级，上一级统治下一级，下一级侍奉上一级，上下级联系起来，才能保证国家太平安宁。现在，臣的守门奴仆不仅畏罪潜逃，还想借助王宫庇佑自己的犯罪之身。若是王宫真的庇护了他，那么以后的奴仆、百姓犯罪，也会效仿他的行为，如此一来，盗匪再也不用害怕了，公然犯罪，谁能阻止他们呢？等到那时候，局面肯定一发不可收拾。为了防止这种事发生，臣不得不这样做。"

听到申无害的辩解，楚王一下子不知该说什么好，只能任由申无害对其家奴施罚，并且还赦免了申无害私自进入王宫抓捕家奴的过错。

申无害是如何说服楚灵王的呢？正是巧妙地利用了"惊吓效应"。楚灵王最害怕的是什么？当然是国家动乱，百姓无法管制。而申无害正是以此为突破口，讲明白若是不能依法处置他的家奴，就容易损伤法律的尊严，使得老百姓纷纷效仿，最终导致社会混乱，国家动荡……他所说的一切都击中了楚灵王的内心，触及了楚灵王敏感的神经，最终让楚灵王做出了对申无害有利的行为——同意申无害对家奴治罪，并且还会赦免申无害私自进入王宫抓人的罪过。

在人际交往中，特别是管理工作中，我们也可以使用"惊吓效应"，在恰当的时机说一些危言耸听的话，让对方产生恐惧，从而轻而易举地把握、操纵对方的心理，使对方处于非正常的恐惧之中，从而做出对我们有利的行为。

老张在一家塑料公司的营业部上班，上个月刚升了主管。因为长得面善，以前也一直是老好人形象，所以手下的员工都很喜欢和他开玩笑，有时候即使上班了也没个正形。好几次老板来了，看见整个部门一种懒懒散散的状态，不是在聊天就是在哈哈大笑，就十分生气地走了。

老张其实也很苦恼，但是自己这个老好人的形象从他做员工的时候就树立了，有好几次，他很严肃地在给大家开会，但是大家就是觉得好笑，会还没开完，就笑起来了。

老邢是公司的销售部主管，销售部在他的手里被管理得井然有序，老张十分羡慕，便去找老邢讨教，老邢说："也没什么特别的，就是在他们太放松的时候，'吓吓'他们。"原来老邢一开始接管销售部的时候，销售部跟现在的营业部没什么两样，也十分散漫，而且销售员个个能说会道，都觉得只要销售业绩好，并不用在意在办公室的这些细节，所以在办公室的时候很随性。一次，老邢在上面开会，底下的员工都在那交头接耳、完全没把老邢放在眼里。老邢忍了几分钟，终于爆发，拍了拍桌子，让秘书拿来了员工守则，并让其中一个销售员朗诵了最后一条：

各部门员工均要遵守本守则，大家互相监督。

朗诵完毕，老邢接着说："既然大家也是公司的一员，那么开会、上班，只要不去外面跑业务，其他时候都与其他员工无异，如有违背，只能按规定扣奖金了。"底下的员工一开始也有点吃惊，但是很快又说开了，第二天也照旧有人迟到。但这次老邢没有说说而已，而是按照规定，扣了每个人100块。大家见老邢动真格的，但是人家按规矩办事，也说不了什么，之后果然规矩多了。

其实老邢的做法正是正是巧妙地利用了"惊吓效应"，借助极言危害来恐吓销售员，并达到了良好的效果，为自己赢得了威信。可见，"惊吓效应"运用得好，在驾驭、操纵和掌控对方心理的过程中可以达到不错的效果。

小贴士

领导者运用"惊吓效应"的时候也要注意方式得当，尤其是面对员工，要想让员工真心地为自己办事，赢得人心才是最重要的。所以即使用"惊吓效应"，也要用对时机，必须有能站得住脚的理由，不然很可能适得其反。

反过来提醒，对问题员工更有效

反暗示效应是指在有一定心理对抗的情况下，用夸张或者激将的间接方法影响别人的行为，从而诱导别人达到自己想要的结果或者发生想看到的事件。在人际交往中，如果我们能正确运用反暗示效应，便可以操控对方的行为，让他们的行为有利于自己。

古时候，民间有个叫朱生的人，大家都夸他是方圆百里内最聪明的人。有个叫汤生的年轻人不信，便前去找朱生挑衅。

汤生坐在屋内对朱生说："大家都夸你聪明，若你能将我从这屋里骗到屋外，我便认可大家说的。"很显然，汤生这是在暗示朱生，他没有让自己出屋的本事。

被点名的朱生一点不悦和慌张也没有，而是叹了口气说："当然了，

屋里这么舒服，我肯定不能把你骗到屋外，但是如果你在屋外，我肯定能把你骗到屋内。"

汤生听了，说道："好大的口气，我倒要看看你怎么把我骗到屋内。"说完自己站起身来到了屋外。

朱生看他来到屋外，淡定地笑着说："怎么样，一句话就把你骗出来了吧！"意识到自己上当的朱生脸憋得通红。

其实朱生用的就是反暗示的方法，他找准了汤生爱挑事、不服输的心理弱点，以此为突破口，利用他想让自己出糗这一点，刻意夸大了事情的难度，让汤生在心理上感觉自己占了优势，实际上却是暗示汤生出房间，让汤生中了自己的圈套。

反暗示效应除了在谈判中被经常运用以外，在销售市场上，也得到了广泛的运用。例如，法国克隆堡啤酒当时为了打开美国市场，曾拍了一条宣传广告，广告内容是许多法国的男女青年相约着到码头送别运克隆堡啤酒去美国的轮船。广告只有一句台词，就是青年们一边送别，一边挥泪说道："美国人啊，少喝点我们的酒，好不好？"该广告在美国一经播出，克隆堡啤酒立刻引起了广大消费者的好奇心，到底是多好的酒让大家争相购买。结果当然是克隆堡啤酒热卖。

这则广告其实就是运用的反暗示效应，抓住人们对新鲜事物的好奇心理，达到营销效果。企业管理中也有很多运用反暗示的例子。比如员工迟到了，不急着批评他，反而故意说他是个遵守规则的好员工，以此激发他内心的羞耻感进而改掉迟到的毛病。

反暗示效应虽然可以助我们一臂之力，但是它并不是百用百灵的，如果你遇到的是顽固不化或者比你还强硬的人，反而会让你碰一鼻子灰。

李杰是一名高中老师，除了给高二两个班上数学课之外，李杰还兼任高二（8）班的班主任。李杰所带的班级是年级最尾上的一个班级，顾名思义，也是班风最乱、班纪最差的一个班级。学校安排李杰接手这个班时，便是希望他能给这个班级带来改变。李杰很乐意接下这个任务，因为在他

眼里，管理一群年轻的小孩子并不是什么难事。

事实上，事情并没有李杰想象的这么简单。李杰进班第一天就被学生来了个下马威——进门便被泼了一身脏水。李杰看着坐在座位上笑得一脸得逞的学生，并没有立刻出声指责谁，而是坚持穿着满身都是水的衣服上完了第一节课。下课前，李杰望着同学们说："大家这么充满活力，我感到很开心。期待与你们接下来的相处。"

按照李杰以前管理其他班级时的经验，自己早上这一系列的表现一定会引起同学们的愧疚，进而让他们对自己的行为感到羞耻，自觉做出改变。但是他显然忽略了青春期小孩的叛逆程度。据班上几个听话的好学生反馈，大家除了嘲讽又来了一个没用的傻大个以外，就没有别的反应了。而且因为觉得这个老师好欺负，已经制订了新一轮的整蛊计划。李杰不信，结果上晚自习的时候，被桌上的粉笔灰呛了一脸。

在运用反暗示效应之后，如果没有达到预期的效果，应提前想好弥补措施，而不是像李杰老师那样，任人"宰割"。另外，也不能在"天不怕地不怕"的这种人身上用反暗示的方法，指望他们改掉毛病，因为反暗示并不能对他们起到威胁作用，反而可能会刺激他们做出伤害你的事。

小贴士

运用反暗示效应，只是为了达到让对方认可自己的目的，虽然是一种变相的激将法，但是是在合理范围内的。如果超出别人能接受的范围，或者对他人的人生安全构成威胁的话，那就不是反暗示而是犯法了。所以运用反暗示要注意必须把握分寸，不能说得过分了，以致引起对方的反感，反而得不到反暗示的效果。

心理学与营销：抓住客户的心，做顾客信任的人

销售人员最大的梦想就是成功地将自己手中的商品推销给客户，而要做到这一点，首先要做到的就是了解客户的需求，而要想了解顾客的需求，你必须要试着打开客户的心门，看看他的内心世界究竟是什么样的。只有这样你才能顺着客户的心理，抓住顾客的心，将自己的商品推销出去。

🔒⚷ 不要给客户说"不"的机会

兰州的街上有许多拉面馆，一家新开张的拉面馆的老板特意新加了几种凉菜，供食客吃面的时候选择。当然为了增加收入，老板是非常想让所有顾客都吃上一碟凉菜的。

面馆里有两个服务员小芳和小丽，开业一个月以后，老板发现找小丽点单的顾客基本上都会点一个凉菜，但是找小芳点单的顾客却很少有点凉菜的。老板觉得很奇怪，难道爱吃凉菜的客户全找小丽点的单？但是这么多顾客，哪能次次这么巧，老板自己也不相信这种可能。答案很快就揭晓了，其实是两人的点单方法不同。

一天早上，店里来了两拨客人，客人坐定后。小丽和小芳拿着菜单分别给两桌客人点餐。客人点完主食之后，小丽问的是："凉菜您是需要一碟黄瓜还是一碟花生呢？"最终顾客点了一碟黄瓜。小芳问的是："您还需要凉菜吗？"顾客的回答是："不需要。"

这就是心理学上的"二选一法则"。那个卖不出凉菜的服务员，她给顾客的选择是"需要"或者"不需要"，于是大部分人选择了"不需要"。而那个可以卖给顾客凉菜的服务员，她给出的选择则是"花生"或者"黄瓜"，于是顾客没有了别的选择，因为她没有给顾客"不需要"的选项，所以她顺利卖出了凉菜。

很显然，"二选一法则"很容易让销售人员占有主动权。它在很大程度上缩小了客户的挑选范围，而且范围往往缩小到只有"买"的选择。因此，客户顺理成章地答应了他的请求。

秀云是一家家具公司的销售员，一次，她给一位客户介绍了一套组合家具，看得出来顾客很喜欢这套家具，但是顾客一直在犹豫，拿不定主意签单。秀云知道现在差的就是临门一脚，她想着不管怎样，自己都不能在这个时候放弃。

"夫人您好，请问您这套家具是准备买给自己用还是送人的呢？"

"送给我女儿的，她下个月结婚。"

"我们这里是样品，既然是送给女儿，年轻人应该喜欢亮一点的颜色。那么请问您是想要暖黄色还是粉红色呢？这两种颜色放在新房里都十分温馨。"

"粉红色吧，我女儿喜欢粉红色。"

"好的，夫人，这是您的单子，这套家具的制作周期是15天，您现在订下家具，我们向厂里申报，下月初家具就能送到您女儿的家里了。"秀云说完，顾客顺利地签了字。

秀云之所以能够在客户犹豫不决的时候还能够签下很漂亮的一单，正是因为她运用了销售心理学上的"二选一法则"。运用"二选一法则"，可以让你成功地主导顾客的思维，这样一来，顾客就很容易随着你的思路走，因此，成交的概率就会大大增加。

日常生活中，你一定会有这样的经历，当销售员问你喜欢粉色还是绿色时，你很容易就会随着他的问题回答你喜欢的颜色，这就降低了回答"不需要"的概率。当然，有时候，当你这样问完顾客之后，顾客还会重新把问题抛过来，他会接着你的问题回问："你觉得我更适合哪种颜色呢？"所以，使用"二选一法则"也是有一定的条件的，那就是你必须对顾客大体的爱好、风格有所了解，只有这样，你才可以对症下药，问他是喜欢暖黄色还是粉红色。要是顾客刚进门，你就贸然上前问："喜欢暖黄色还是粉红色"，顾客一定会觉得莫名奇妙，这样反而达不到想要的效果。

小贴士

在销售的过程中，销售员一定要清醒地认识到，使用"二选一法则"是为了巧妙地避开客户说"不"，而不是为了主宰客户的意志，帮助客户作出选择。作为消费者，在听到这种二选一的问题时，则要注意衡量自己的需要，避免被销售员牵着鼻子走。

服务至上，顾客就是上帝

奥美原则最开始是由美国奥美广告公司提出来的，该公司主张"顾客服务至上，追逐利润次之"。在商业经营里，有一个非常重要的理念就是"顾客为上帝"。其中的道理非常简单，市场经济中，顾客买你的东西，你才有可能赚到钱！然而，将"上帝"挂在嘴边说说非常容易，放进心里并付诸于实际行动就非常难了。因此，只有做到优质的顾客服务才有可能做好企业，并且获得想要的效益。

理解"奥美定律"的企业或者个人，总是可以使自己的销售之道越走越长，他们明白怎么和自己的顾客打交道，能够让顾客帮自己介绍新的客人，最终可以使自己处于不败之地。但是那些眼光短浅的公司或者个人只会看见眼前的利益，使自己的销售道路越走越窄。

现如今风靡全球的沃尔玛最开始也只不过是一家籍籍无名的小商场。在最开始成立的时候，沃尔玛就营建了"顾客至上"的销售理念，这一理念的核心就是用自己微薄的收益令顾客获得更多收益，用最好的服务令顾客感到愉悦。

不管走到哪一家沃尔玛超市，都可以看见"天天特价"的字样。为了实现"天天特价"的战略目的，沃尔玛使用的办法非常简单，就是省略中间环节，直接从工厂进货，工厂送来的货进入配货中心后，会根据各个分店的需要再进行筛选与重新包装。这样近乎"零库存"的方法，帮助沃尔玛省去了许多不必要的中间环节，大力减少了开支。

沃尔玛省下来的开支并未直接装进自己的腰包，而是提供给了顾客，"天天特价"的承诺。如此一来，一样的商品，沃尔玛的标价是比其他超市低的，在价格上，沃尔玛便取得了优胜，而顾客也会更愿意来这家超市。

除了商品价格存在优势外，沃尔玛的服务与其他超市相比也是一流的。沃尔玛快速发展的十几年中，一直将"可能的最好服务"当作标准。沃尔玛的创始人沃尔顿曾经对自己的员工这样要求："如果你的顾客走到离你十英尺的地方，你需要温和地望着他的眼睛，并且用你真诚的微笑与对方打招呼，询问他是否需要你的帮助。"

沃尔顿最开始提出的"十英尺原则"直到现在依然被沃尔玛的员工秉承下来。

沃尔玛之所以能够取得成功，正是因为它理解了"奥美定律"的重要性，把顾客当作上帝。在销售为主的行业里，谁拥有的顾客份额更多，谁占有的市场也就更多。因此，在竞争激烈的销售行业，如果想要使自己的企业占有一席之地，就必须站在顾客的角度思考问题，只有给顾客提供最有用的产品以及最优秀的服务，才可以赢得顾客的心，并且最终帮助自己的企业获得利益。

王开元是一家连锁鞋店的售货员，但是认识王开元的人都知道，他大学专业跟销售毫不沾边，连经济都算不上，而他当时之所以会选择做销售，是因为这个行业门槛低——几乎没什么门槛。

王开元性格开朗，笑起来给人感觉十分亲切，这一"法宝"在他的销售之路上产生了不可估量的作用。

"其实我今天本来只是心情不好来逛逛，但是你这个小姑娘实在是太会说话了，我就带一双你这的鞋子给我女儿吧，不过说好啦，尺码不对，我还来换的哟！"这是王开元的第一单客户说的，这也似乎给了她一个信号，要想有生意做，就要让顾客高高兴兴的。

逐渐地，王开元总能在最短的时间内，捕捉到顾客的需求、爱好等信息。接下来，王开元就会有所侧重地推荐自己的商品。有一次，一位四十岁左右的女顾客挑了半天，试了四十几双鞋，几乎所有的售货员都认定她是故意来捣乱的，只有王开元依旧乐呵呵地给她拿鞋子，并开心地为她介绍，最后这位顾客一下买走了7双鞋子。

用他自己的话说，顾客是自己的财神爷，万万不可得罪，得罪顾客，无疑就是在砸自己的饭碗。因此，王开元奉行着"顾客就是上帝"的原则，真诚地对待每一位顾客。久而久之，他的顾客群越来越多，很多人都是直接来找他，倘若他不在，就不会买鞋子。

短短的两年时间里，王开元已经做到了销售主管的位置，但她的"顾客就是上帝"的原则始终如一地坚持着。

很显然，王开元成功的秘诀就是视顾客为上帝，把顾客视为上帝，在此基础上再去追求利润。身为一名销售人员，追求利润无可厚非，但追求利润，也必须有方法。利润与自己的产品以及服务是紧密相连的，只有最上乘的产品以及最优质的服务才可以赢得顾客的喜爱与信任，而这种信任才是产生利润的源泉。因此，如果想要成为销售赢家，学会销售心理学上的"奥美定律"非常有必要。

小贴士

"顾客是上帝"，这是所有销售员都应该有的认识，只有把顾客照顾好了，为顾客提供最优质的服务，业绩才能上去，进而为自己和企业创造利润。

先推销自己，再推销商品

在每一位顾客的背后，都有可能站着250个人，这是和他关系较为亲近的人：亲戚、朋友、邻居、同事。若是一个推销员年初在一个星期里见到了50个人，其中只要有2名顾客对他表示不满意，等到年底，由于连锁效应就有可能出现5000个不想与这名推销员结交的人，他们只知道一件事情，那就是不能和这位推销员做生意。以上即为乔·吉拉德的250定律。同时，乔·吉拉德得到这样的结论：不管是什么情况，都不能得罪任何一名顾客。

吉拉德曾经在15年间一共销售了13001辆汽车，平均每一天差不多能销售3辆车，他的这项纪录已经被收录进《吉尼斯世界纪录大全》。吉拉德创造的纪录，至今都没有人能够打破。也是因为这个，他当之无愧地成为"世界上最伟大的推销员"。

为什么吉拉德的销售可以如此成功呢？原来吉拉德每一次都会储存自己所有客户的档案，按照这些资料，每个月发出1.6万张卡片。但是，这些人里面并不是每一个都是他的客户，很多人与他只有一面之缘，而他这样做的目的就只是让对方能够记住自己，希望自己可以在对方生活里留下痕迹。吉拉德通过邮箱发送的这些邮件，并不会成为那种"垃圾邮件"，因为邮件内容充满爱，每天他都是使用这样的方法发送爱的信息。吉拉德这一套客户服务系统，前后被世界500强公司里的很多公司效仿。

除了发送邮件，吉拉德还会在一切有可能的地方放入自己的名片，他的目的很简单，就是可以推销自己。"给别人一张名片，就相当于给了他人一种选择。也许他会随手丢掉，但也有可能留下，他会知道我是做什么的、卖什么的，如果有必要，他会优先考虑到我。"

因此，吉拉德成功的奥秘正是他在推销自己的商品之前，先推销了自己！现在，他的这种销售理念已然成为一种文化。如果让你去超越他，说起来不太现实。然而，学习了吉拉德这种"推销自己"的销售理念将会使你大受裨益。一个懂推销自己的人比一个只会推销产品的人更容易成功。

达石在一家品牌店看上了一双皮鞋，然而没有合脚的号码，销售经理一直说抱歉，并且询问了达石的情况，进行了详细的记录。几天过后，这家店的经理带着同一型号不同版型的皮鞋坐了20公里的车，赶来达石的办公室，提供上门服务，并且还给他打了九五折。这种行为不仅让达石大为感动，还感染了他的同事，销售经理带来的几双鞋全部销售出去了，并且还和他们建立了良好的关系，只要有他们觉得合适的新款鞋就会发来邮件。

商店销售经理的这种推销方式与吉拉德如出一辙，都是典型的推销商品之前先推销自己。正是他良好的人品给顾客先留下了较好的印象，因此，顾客对其推销的商品也十分信任，如此一来，顾客自愿打开腰包了。

作为一名销售人员，你一定要记住的是，一般情况下，客户都会知道自己想要的是什么样的商品，即使他们暂时不知道，但作为销售人员的你也必须站在顾客的立场上，帮助他们分析问题，并且辅助他们作出选择。顾客被你打动，才会产生不买你的商品就是一种遗憾，因此，他们会心甘情愿地掏腰包。

同时，也要清楚地意识到，那些可以让客户愉快地主动掏腰包的人，不仅是因为他们的商品具有吸引力，更因为他们本身具备强烈的人格魅力。如果销售员可以把握顾客的心理，把自己推销给顾客，那么生意也就水到渠成了。因此，作为一名销售人员，在推销你的商品之前，务必学会推销你自己。

小贴士

在向顾客推销自己时，一定要自己把握好原则，不能做得太过，例如，为了让顾客加深对自己的印象，就跑到顾客工作的地方蹲点守候，这样不仅没有效，还很有可能会引起对方的反感。所谓推销自己，其实是让对方在接触中了解自己的为人，先相信自己，进而相信你的产品。

努力给客户留下深刻的印象

两个人在交往的时候，若是第一个表现自己和对方的态度、价值观相似，就会让对方感觉到你和他之间有更多的相似性，因此可以和你很快地缩小心理距离，更愿意和你深交，结成良好的人际关系。在这里，有目的、有意识地和对方表明你的态度与观点，就像发出一张名片一样，把你自己介绍给对方。因此，这种行为叫作名片效应。

名片效应是指要想让对方接受你的观点、态度，就要将自己和对方视作一体，首先对交际对方传播一些他们可以接受的，熟悉的，并且喜爱的思想或者观点，然后再悄悄地把自己的思想与观点渗透与组织进去，让对方产生一种印象，好像我们的思想观点和他们已经认可的思想观点是相像的。表明自己和对方的态度、价值观相同，具体的操作方法，在交际过程中先对交流对象传播一些他们能够接受的并且熟悉、喜欢的观点或者思想。

里根迎合选民的方法就变化多样，并且极富吸引力。他在和一群拥有意大利血统的美国人讲话的时候，是这样说的："每一次我想起意大利人的家庭的时候，我就会先想到温暖的厨房，以及更加温暖的爱。有这样一家人，他们住在一套稍微显得狭小的公寓里，决定搬到乡下的大房子中。朋友来家里做客，问房主人12岁的儿子：'喜欢你的新家吗？'孩子回答道：'我们都很喜欢，我和我的兄弟姐妹都能够有自己的房间，只是妈妈太可怜了，她还得和爸爸住在一个房间里。'"

此话一出，笑倒了一众选民，但是人们从他的笑话中听到了其他的含义，大家会觉得这是一位充满幽默感，有智慧，并且极富同情心的总统。于是，他们决定支持他，跟从他。

一个笑话为何拥有如此大的魔力，让一大票持观望态度的选民立马倒戈？正是因为李根结合了当时美国的政治环境借助一个笑话表明自己和选民相同的价值观与态度，瞬间拉近了自己和选民的心理距离，成功推销了自己，因此他成功了。

里根的成功，明显是因为他巧妙地利用了心理学上的名片效应。然而，要想产生名片效应，必须有特定的心理环境。只有擅长捕捉信息，成功掌握对方真实的态度以及人生观、价值观，才可能找到一张有效的名片。掌握了对方的信息之后，还需要找准时机，在正确的时间点亮出自己的"名片"。当对方满意你的"名片"的时候，你才算达成目标。销售的过程就是一个和人打交道的过程。如果你可以适当地出示一张"心理名片"，你在做销售的过程中就更容易得心应手。

有一位年轻的房屋销售员，入职一个多月了，依旧没有卖出一栋房子，甚至连租赁合同也没签下来过。这令他十分沮丧，但是他又不想就这么放弃。

一天清早，他刚刚走进电梯，就看到一个中年人急急忙忙地跑过来，于是，他在电梯里耐心地等待了一会儿。中年人在打电话，进了电梯后用眼神表示感谢，他则微微点头一笑。很快，25楼到了，他径直走向了公司，中年人则继续站在电梯口忙着打电话。

过了一会儿，中年人也跟着进来了，原来他正是前一天跟年轻人预约看房子的客户。年轻人觉得这是个不错的机会，千万不能再搞砸了，于是在脑海中拼命搜索着自己要说的话。忽然他灵光一闪，想到刚才在电梯里，中年人好像在跟电话那边的人谈论股票的事情，而他正好了解一些股票。年轻人顺利找到了切入点，很快，他和中年人就聊得十分投机了，最后，中年人果然和他签订了房屋买卖合同。

年轻人这一次的销售过程之所以成功，正是因为自己无意中听到的信息。根据这些信息，他迅速捕捉到对方的想法和观点，然后敏捷地调整了自我销售战略，将对方更想接纳的"名片"展现出来。如此一来，从心理上拉近了与对方的距离。只要两人的思想和观点较为接近的时候，心灵的距离就会大幅拉近，接触之后很快产生情投意合之感。和自己交谈投机的人做生意，显然更容易一些，省去了许多不必要的麻烦，这就是"名片效应"的作用。因此，在销售过程中，积极主动把握顾客心理，并且及时传递自己的"心理名片"，正是销售成功的奥秘。

小贴士

要想找到自己和客户的共通点，和顾客成为朋友，平时就得多学些知识，丰富自己的文化内涵，这样不管碰到的客户是谁，都能找到共同话题和对方聊起来。沟通是架起彼此关系的桥梁，当你和顾客有话聊的时候，自然也就亲近了。

利用从众心理把客户吸引过来

从众指的是个体在社会群体的无形压力下，不知不觉或者不由自主地和大部分人保持一致的社会心理现象，一般而言，就是"随大流"。从众心理指的是个人遭受外界人群行为的影响，而在自己的知觉、判断、认识上表现出符合于公众舆论或者多数人的行为方式，而且实验表明只有少数人能够保持独立性，没有被从众，因此，从众心理是部分个体普遍拥有的心理现象。

有这样一个幽默故事：有一个石油大亨，死后进入天堂参加会议，进入会议室后发现一屋子已经坐满了人，于是他灵机一动，大叫道："在地狱发现石油了！"话音落毕，天堂里的人都纷纷跑去了地狱。

没过多大一会儿，天堂就剩下石油大亨了。这时候，大亨心里泛起了嘀咕，大家都瞬间跑去了地狱，难不成那里真的出现石油了？于是，他也急忙跑向了地狱。然而地狱并没有出现一滴石油，那里只有受苦。

显然，这个故事表现出的就是人们的从众心理。看到他人都跑去地狱，自己也就情不自禁地跑去地狱，但是为什么去却已经不知道了。

在生活中，方方面面都能体现出从众心理，心理学家经过研究发现，绝大部分的人都拥有从众心理。如果大家可以正确利用这一心理，就可能有意外的收获。事实上，许多商业广告都在利用人们的从众心理，先炒热自己的商品，然后让客人争相购买。作为一名销售人员，同样也可以利用人们的从众心理，使自己的商品变成畅销品。

日本"尿布大王"多川博利用的就是人们的从众心理打开了销售市场。

在多川博最开始创业的时候，他的目标就是创办一家综合性企业，主营雨衣、防雨斗篷、游泳帽、尿布以及卫生带等日用橡胶制品。然而公司经营太宽泛，没有什么特点，销量也不稳定，一度面临倒闭。一次偶然的机遇，多川博在一份人口普查表中发现，日本平均每年就有250万个新生儿，若是每个婴儿只使用2条尿布，一年就至少需要500万条。于是，他决心放弃尿布之外的产品，专心经营尿布生意。

采用新科技、新材料，质量上乘的尿布生产出来后，公司花费大量心思来宣传新款尿布的优点，希望可以造成市场上的轰动，但是一开始试卖的时候，乏人问津，生意也非常冷清，几乎到了经营不下去的程度。多川博忧心忡忡，经过冥思苦想之后，最终想到了一个好主意。他先让自己公司的员工装扮成客户的样子，排长龙购买自家公司生产的尿布，一时间，公司的店面门庭若市，长长的队伍引来路人好奇的眼光："这是买什么呢？""什么东西这么好，让这么多人都来购买？"如此一来，营造出尿布销售火爆的气氛，引来许多"从众型"的买家。随着产品的不断销售，人们渐渐认可了这样的尿布，购买尿布的人更多了。后来，多川博公司生产的尿布还出口国外，在世界各地广泛销售。

"大家都在买，我也想买"，顾客很容易产生这种心理。因此在销售的过程中，销售员完全可以利用顾客的从众心理，减轻他们对产品风险的担心，最终达成交易。特别是一些新客户，这样的办法能够增强客户的信心。销售人员可以利用人们的从众心理来提升自己的销售量，也要清醒地知道，利用从众心理来欺骗消费者，故意虚张声势的行为是不对的。

利用消费者从众心理时需用注意如下三点：

（1）产品质量是销售的必要前提。只有高质量的产品，才可以让顾客购买之后真正地认可这种产品，从而继续购买。因此，不管是何种销售手段，质量才是赢得顾客的关键因素，利用从众心理也必须先保证质量过关。若干顾客购买产品后发现质量不满意，那么就变成了一锤子买卖，客户是不会再次上当的。

（2）和客户列举具备说服力的老客户。顾客虽然会从众，但是若是销售人员列出的成功例子不具有充足的说服力，那么客户也会迟疑。因此，销售员在介绍时一定要选择那些顾客熟知的，有权威性的、对客户有较大影响的老客户作为例子。不然的话，客户的从众心理无法被快速激发。

（3）列举的案例一定要实事求是，销售人员不可以存心欺骗客户。想要引导客户的从众心理，销售人员列举的实例一定是真实的，不可以使用谎言编织曾经购买的客户，也不能夸大老客户购买商品的数量。若是销售员列举的事例是假的，很有可能被拆穿，这样容易影响客户对销售员甚至对其所在公司的印象，不仅让销售员，更让公司的名誉受损。销售人员在引导、说服客户的时候，一定要秉承实事求是的原则，不然就是搬起石头砸自己的脚。

小贴士

生活中，我们很容易就会被商场的促销手段和琳琅满目的广告诱惑，从而产生从众心理，所以当我们准备掏出钱包，为商品埋单时，一定要清醒地意识到，这些没有经过分析的跟随，或者没有经过判断的随大流，都属于"盲从"行为。遇到事情一定要多思考一下，避免盲目地从众，以防上当受骗。

跨过第一道门槛很重要

　　登门槛效应指的是一个人如果同意了别人一个微小的要求，为了给人留下前后一致的印象，或者避免认知上的不协调，就可能会同意更多的要求。这样的现象，就像登门槛一样，需要一级一级地登台阶，才有可能顺利地攀上高峰，就有可能接受更大的要求。心理学家表示，一般情况下，人们都不想接受比较高比较难的要求，因为这又费时又费力，还无法做成，相反地，人们会容易接受一些比较小的，容易完成的要求，实现了这些容易做成的事之后，才会慢慢接受更大的挑战，这种行为就是"登门槛效应"。

　　有个小和尚和师父学武，但是师父什么招式都不教给他，只是让他在猪群里放牧。寺庙前面有一条小河，小和尚放牧的时候只能抱着一只只小猪跳过河去，傍晚的时候再抱着它们跳回来。不知不觉中，小和尚的轻功竟然练成了，并且臂力惊人。原来小猪一天天地长大，小和尚的臂力也一天天地增长，这时候他才理解了师父的良苦用心。这就是"登门槛效应"的应用。

　　"登门槛效应"反映了人们的学习、工作和生活里经常出现的避难趋易、避重就轻的心理。推销员也经常用这一招来说服顾客购买其商品，一般优秀的推销员都不会上来就展示自己的商品，而是提一个一般人都可以接受的小要求，再一步步达到推销自己产品的目的。

　　事实上，对于销售员来说，最难的不是推销一件商品，而是如何开始推销的第一步。如果对方将你带进他的家里，那么你的推销就成功了一半，之后就看你的销售技巧了。

　　刘玲玲在一家珠宝店做销售有一段时间了，而且业绩一直很不错，连着两年销售量遥遥领先，公司领导非常器重她。同事们都称刘玲玲眼尖，什么样的顾客买首饰，什么样的顾客不买首饰，刘玲玲一眼就能看出来。

对此，刘玲玲总是笑而不语。

其实，刘玲玲做销售还真没什么特别之处，只是她懂得把握顾客的心理，只要顾客对标签的价钱皱起眉头时，她总是说："您先试戴一下，戴在手上感受一下，然后再作决定。"

刘玲玲一边说着，一边帮客户挑选首饰的颜色、款式。顾客把首饰戴上后，刘玲玲总是不忘真诚地褒扬一番，并周到地为其服务。在这种情况下再劝其买下，就很容易达成交易。

时间一久刘玲玲发现，那些答应试戴首饰的顾客总比那些不同意试戴首饰的顾客更容易埋单。于是，刘玲玲每次在劝说顾客买首饰前，她总是先劝说顾客试试看。

刘玲玲之所以成功，正是因为她掌握了心理学上的登门槛效应。相对于买首饰的要求，顾客总是更容易答应试首饰的要求。

一下子和他人提起一个比较大的要求时，人们总会比较难接受，但是如果一步步提出要求，并且不断缩短和比较大的要求之间的差距，人们就更容易接受。这是因为人们都想给他人留下前后协调的印象，而不想让人认为自己是变化多端、前后不一的人。此时，"登门槛效应"就产生了作用。因此，懂得"登门槛效应"是非常有必要的，也是非常有效的。

小贴士

"登门槛效应"虽然是一门销售法宝，但是也不是所有的顾客都适用的。为了提高"登门槛效应"的成功率，在使用之前，一定要先对顾客有一定的了解，如果是第一次打交道的客户，则应该尽量降低"门槛"的高度，以顾客能接受为原则。

心理学与理财：聪明地赚钱，打造真正富足的人生

没有谁天生就是富豪，也没有人天生是穷光蛋，每个人都可能成为富人，关键还得看他的智慧。你只有善于学习和运用"生财之道"，财富才会主动找上你。从现在开始，运用生财之道，聪明地赚钱，构建真正属于你的富足人生吧！

勤俭节约是永恒的理财之道

　　王永庆白手起家，历经几十年奋斗，最终获得了辉煌的成功。他和李嘉诚、陈必新一起被称为世界华人最出名的三大财富偶像，并且在台湾被赞为"经营之神"。事实上，综观王永庆的财富之路，很大程度上都是源自他给自己定的一条法则：节省一块钱相当于净赚了一元钱。后来，他的这一想法被台塑集团的员工奉为经典，这就是国内外企业管理者都知道的"王永庆法则"。

　　现实生活中，我们最看重的就是财富的创作过程，并没有太在意节俭的重要性，有的时候甚至觉得这是小家子气的行为。事实上，节俭也是一种理财，而且还是非常重要的一部分。学会节俭，让资源更好地优化配置，就相当于学会了创造财富，并且更好地运用财富。

　　盖茨和他的一个朋友一起开车到希尔顿酒店开会，因为去的时间有点晚，已经没有车位了。朋友建议他将车停在酒店的贵宾车位，盖茨拒绝了。朋友主动要求承担费用，盖茨还是拒绝了。其中的原因很简单，就是贵客车位需要多交12美元停车费，盖茨觉得那属于"超值收费"。

　　作为一名天才商人，盖茨认为：花钱和炒菜很像，讲究的都是恰到好处。放盐少了，菜就会淡而无味，放盐多了，菜又苦又咸，难以下咽。就算是几块钱甚至是几分钱，都要让每一分都发挥出最大的效益。

　　有一年夏天，32名世界级的企业家共同举办一次"夏日派对"，盖茨也在其中，他身上穿的衣服，是在泰国普吉岛休假的时候，花了不足10美元买来的，还不如一些"歌星""影星"干洗一次衣服所花的费用。盖茨说，一个人只有充分利用了自己的每一分钱，才有可能事业有成，生活美满。

除了盖茨之外世界500强前几位的沃尔玛也同样秉持着节俭的原则。

沃尔玛的"节俭"是会从一张纸谈起的。如果你的复印纸用光了，去找秘书要，他会轻描淡写说一句："地上的盒子里有纸，你自己裁一下就可以用了。"若是你再次强调你需要的是打印纸，那么他一定会说："我们这里从未用过专门的打印纸，使用的都是废弃报告的背面。"

员工出差住的地方，只要是可以洗澡的普通小旅馆就可以了；沃尔玛的办公室也非常简单，并且空间很小，就算是城市总部的办公室也是这样；如果商场迎来了销售的旺季，每一名管理人员都要前往销售一线，担任收银员、营业员、搬运工或者安装工的角色，以节约人力成本。

沃尔玛的节俭不光是针对员工的，企业老总更是一马当先。虽然沃尔玛的创始人山姆是一位亿万富翁，但是他节俭的习惯从来都没有改变，他没有购买过一座豪宅，通常都是开着自己的旧货车进出小镇，每一次理发都选择当地的最低价，外出的时候也会选择和他人同住一间房。

很多人都知道吝啬能够创造财富，但是很少人可以像沃尔玛老总、比尔·盖茨那样从一而终，并且把勤俭节约当成公司的经营理念。在创造财富的过程中，我们可以听到很多理念，每一个理念的背后都有大量的理论支持。然而，沃尔玛却凭借这种家庭式的节俭方式创造了大量的财富。

钱不管是多是少，都应该用到刀刃上，花在关键的地方。王永庆如是，沃尔玛亦如是。山姆·沃尔顿虽然在经营方面这样"小气"，但是在公益事业方面却出手阔绰。不但在全国范围之内设立了多项奖学金，而且这个"小气鬼"还对美国的五所大学贡献了数亿美元。

实际上，中国自古以来就知道勤俭节约的重要性，并且以其要求自身。北宋著名政治家、文学家范仲淹官至参知政事，却依然秉承富不忘贫、贵而能俭的美德；明代清官海瑞死后，他人清点其行囊，只有"俸金八两，葛布一端，旧衣数件"，观其节俭的美德，着实让人赞叹不已；周恩来总理也以"简朴"作为座右铭，令许多人以其为榜样。由此看来，节俭不仅对企业，还对每一个人来说，都是一种美德。

小贴士

节俭一直是中华民族的传统美德，但是节俭并不代表吝啬，它说的是让人们节省不必要的消费，例如名牌、首饰这些身外之物，而那些必须花的钱，比如学习的、买书的，这些能增长见闻和知识的则不能省。

积累必要的资本十分重要

美国科学史研究者罗伯特·莫顿将"马太效应"归纳为：任何个体、群体或地区，一旦在某一个方面（如金钱、名誉、地位等）获得成功和进步，就会产生一种积累优势，并且有更多的机会取得更大的成功和进步。换种说法就是好的越好，坏的越坏，多的越多，少的越少的一种现象。"马太效应"的名字来自于《圣经·马太福音》中的一则寓言：

国王远行前，给了三个近身侍候的仆人一人一枚银币，并嘱咐他们说，你们拿着这枚硬币去做生意，等我回来的时候来见我。几个月过去，国王远行归来，三位仆人也回宫见国王。第一个仆人说："国王，我用您给的一枚硬币赚了10枚银币。"国王奖励他10座城邑。第二个仆人说："国王，我用您给的一枚硬币赚了5枚银币。"国王奖励他5座城邑。第三个仆人说："国王，您给我的银币，我怕把它弄丢了，一直装在钱袋里，没有拿出来过，现在还是一枚银币。"国王下令将第三个仆人的银币奖励给第一个仆人，并说道："凡有的，还要加给他叫他多余；没有的，连他所有的也要夺过来。"

"马太效应"在生活中十分常见，特别是在经济领域中。例如，在金融投资方面，即使投资回报率相同，一个比别人投资多1倍的人，利润也多1倍。老子的《道德经》中有一句话："天知道损有余而补不足，人之道则不然，损不足以奉有余。"这也是马太效应的一个展现。没有钱的人永远会选择最保守的方法守护住自己的财富，可惜这种做法已经不适用于这个CPI不断上涨的时代了。有钱的人会运用自己手中的钱去赚取更多的财富。于是，富者就有更多的发展机会，而穷者害怕风险，只能甘于现状。最后使得富者越富，穷者越来越穷。

芊芊和谢媛是某外贸公司同期招聘的员工，两人做的都是人力资源的工作，转正后待遇不错。不到一年，两人就已经小有积蓄。不过两人的理财观念完全不一样，谢媛性格大胆，比较关注实事，她发现最近股票行情不错，就把自己积攒的3万块钱都投到股市，不到一年3万块就已经涨到了7万元。最近她见股市持续走高，实在不太正常，便听一个朋友的建议，卖掉股票。这时候，单位附近正好新开了一个楼盘，但是因为大家都忙着炒股，所以房地产显得很冷清，房价也很合适，谢媛便用所有积蓄在新楼盘买了一套商品房。果然不到3个月，股市就崩溃了，房价跟着大涨，不到半年，谢媛花10万元买的房子就涨了近4倍，市值已经接近40万元了。然后她又卖掉房子，买了基金，不到一年便实现了20%的盈利。现在，她毕业不到五年就已经是有车一族了，日子过得让人羡慕不已。

芊芊跟谢媛的理财观念完全不同，芊芊理财观念保守，在她眼里，钱只有放在银行里才是最保险的，所以她把钱都存在了银行，想着坐收银行利息。不过显然她忽略了货币贬值的因素，芊芊每年的存款都在稳定增长，但是她在银行存的钱的购买率实际是负增长的。

负利率使得不善理财的芊芊尽尝通胀带来的苦果，辛辛苦苦积攒的家财不但没有增值反而贬值。而善于理财的谢媛，则尽享理财果实，从而使自己的财富像滚雪球一样快速增加。

由此我们可以看出，对于领先者来说，马太效应犹如一种优势的积累，当你已经有一定的财富之后，那就容易获得更多的财富。物竞天择，适者生存。强者随着优势的不断增加，取得更大成功和进步的机会必将更多。所以要想不被打败，就要努力让自己成为所在领域的领头羊，并且不断增加自己的优势。

其实，马太效应一直在我们周围，你若没有因为它受益，就必定会因它受损，而决定你会因它取胜还是被他摧毁的正是你自身的情况。因为"赢家通吃"就是马太效应所暗含的原理，当你的资源增多时，马太效应自会为你服务；而当你的资源减少时，就难以避免地会被这一法则压在下面。

小贴士

虽然马太效应鼓励人们积极投资，但是不管做什么投资，都是有一定的风险的。所以选择投资项目前，一定要做完全的分析，综合各方面的信息再投资，切不可一时热血，最后竹篮打水一场空。

居安思危，不要让懒惰影响自己的积累财富

挪威人特别喜欢吃沙丁鱼，尤其是活沙丁鱼，所以市场上活沙丁鱼的价格要比死了的沙丁鱼价格高出许多。于是渔民总是想尽各种办法让沙丁鱼活着返回港口，可是虽然经过种种努力，沙丁鱼还是大批大批地在中途因缺氧而死亡。奇怪的是，有一条渔船总能让绝大多数的沙丁鱼活着回到港口。对于这一点，船长一直严格保守着秘密。直到船长去世之后，谜底才被揭开。原来是船长在装满沙丁鱼的木桶里放进了一条以沙丁鱼为主要食物的鲇鱼。鲇鱼进入木桶后，由于环境陌生，便四处游动，沙丁鱼见了鲇鱼十分害怕，乱冲乱撞，四处逃窜，加速游动，这样一来，沙丁鱼缺氧

的问题就迎刃而解了。

这就是著名的鲇鱼效应。从中我们可以知道，沙丁鱼若是没有鲇鱼的刺激，必将很快死亡。其实，人也一样，如果没有外界的刺激，人很容易失去斗志，变得懒惰而满足于现状，不再愿意为了积累财富而努力。因此，只有把自己置身危险之中，从而引发应激心理，使我们的精神时刻处在高度紧张、亢奋的状态中，才能把我们内在的潜能完全激发出来。

罗素·康威尔曾说："成功的秘诀无他，不过是凡事都自我要求达到极致而已。"事实上，让自己适度的紧张正是达到极致的最佳方法。所以，那些时刻让自己的生活保持适度紧张的人，不仅生活可以过得更加充实，学习和工作的效率也在不断提高。

罗婷和张娟是同一所小学的语文教师，工作稳定、压力也不大，所以日子过得十分安逸。直到一周前，学校来了几个新招的年轻老师，年轻老师教学方式新颖，与同学相处也跟朋友似的，很受欢迎，罗婷和张娟一下子感觉自己的压力来了，感叹自己跟不上时代了。

罗婷觉得自己不能坐以待毙，于是积极向新来的老师学习、讨教新的教学方式，并时常和他们交流教学经验。上课之余，为了充实自己，罗婷还去报了电脑补习班，学习计算机知识。周末的时候，罗婷也不闲着，专门学习教育管理，这次新老师的到来给了她一个很大的提醒，教孩子，光教给他们知识是不够的，还应该走进他们心里，和他们一同成长。

反观张娟，虽然新老师的到来让她压力颇大，但是过了这一阵儿，她便不放在心上了，因为在她眼里，教师是"铁饭碗"丢不了。

到了期末，学校按照惯例进行教师评比，结果也是意料之中，罗婷因为课堂内容既丰富又新颖，学生互动很积极，得到了所有教师和领导的好评，被评为年度优秀老师。而张娟则因为课堂内容枯燥、毫无新意，跟不上教育更新的步伐，从而遭到了旁听家长的不满。最后张娟虽然保住了学校的工作，但是被调剂成了后勤管理员。

但是罗婷就不一样了，因为教师评比活动中受到好评，罗婷成了学校的明星老师，不只在新学期给所有的学生讲了一次公开课，还升级做了班主任、代表学校老师去参加市里的优秀老师评比，好多家长都抢着要把自己的孩子送到罗婷班上。做了一年班主任，校领导见她成绩不错，深得学生喜爱，又听闻她在课外还学习了计算机、教育管理等内容，于是将她提升为学生主任。

生于忧患，死于安乐。事实上，在现实生活中，每个人都有获得成功的机会。而绝大部分人之所以一辈子平庸，主要的原因就是周围的环境太过安逸，使他们过于固守平庸，满足现状。就像张娟一样，虽然知道自己可能跟不上时代发展的步伐了，但是懒惰心理在作祟，她仍旧不愿选择改变，只想过安逸的日子，但学习如逆水行舟，不进则退。你不进步，这世上还有很多人在进步，所以一直停在原地，其实就是一种退步。那些有着杰出贡献的人，他们时刻都会提醒自己，这是一个充满竞争的社会，只有让自己处在一个适度紧张、忙碌、带有危机感的状态中，才能激发出自己内在的能量，最后获得成功。罗婷就是这样的，虽然面对被淘汰的压力，但是她没有就此放弃，而是选择主动出击，最终打了个漂亮的翻身仗。

所谓财富，除了表面上指的金钱以外，还包括许多隐形的财富，如学历、知识、经验等。这些看似不起眼的东西，往往能在关键时刻帮自己走出困境，获得比金钱更宝贵的东西。而想要获得这些，就必须克服懒惰和安逸思想，时刻让自己处在紧张的学习状态中，人只有开始奋斗了、努力了，想要的东西才会到来。

小贴士

虽然适当的紧张可以激发一个人内在的能量，但是很多时候，大家往往都没法好好把握紧张的度，不是紧张过度，就是放松过头。那么我们究竟该怎样做才能让自己处于适度的紧张状态呢？这就要求我们必须做到劳逸结合，可以为了工作拼命努力，但是该休息的时候也不能忘了休息。

创新思维助你致富

法国心理学家约翰·法伯曾经做过一个著名的实验：

约翰·法伯从草丛里捉来了许多毛毛虫，然后把它们按首尾相接的样子，挨个放在一个花盆的边缘上，让它们围成一圈。然后把一些毛毛虫喜欢吃的松叶，撒在了离花盆不远的地方。约翰·法伯刚松开手，毛毛虫便一个跟着一个，一圈一圈地绕着花盆的边缘走。一小时过去了，一天过去了，又一天过去了，这些毛毛虫还是夜以继日地绕着花盆的边缘在转圈，一连走了七天七夜，直到它们最后因为饥饿和精疲力竭相继死去才停下来。

后来，科学家把这种喜欢跟着前面的人走的习惯称为跟随者习惯，把因跟随而导致失败的现象称为毛毛虫效应。

科学家做实验以前，以为毛毛虫转几圈之后，便会发现这其实是徒劳无功的，然后转向它们喜欢的食物，但事实却完全相反，毛毛虫直到饿死都没有改变。虽然实验结果令人惋惜，但是惋惜、感叹之余，仔细想想不难发现，很多时候，人又何尝不是如此呢？

我们在工作和日常学习中，遇到问题的时候，也常会习惯性地重复现成的思考方式和行为模式，以至于产生了思想上的惯性，不由自主地依靠既有的经验、按固有的套路去思考问题，不愿意转个方向、换个角度，更不愿意创新，去另辟蹊径。虽然这种固有的思维和方法有它的成熟性和稳定性，能够减少和简化解决事情的过程，但是它的消极影响也是不容忽视的，比如，它容易让人盲目遵循固有的习惯，而忽略了其实还有更便捷、更优化的解决方法。这样反而在无形中浪费了很多时间和精力，不利于事情的发展。最重要的是，长期按照一个思维模式思考问题，不仅容易使人厌烦，还容易削弱人的创造力，影响潜能的发挥。

日本日立公司在北海道有一家专门生产电风扇的工厂，因为电风扇功能单一、样式老旧，所以销路越来越差，工厂一直处于亏损的状态。

一次，工厂的总经理和技术部的一个员工到工厂周围散步，看到周围有许多农民都在用大棚种植蔬菜，而每个种植蔬菜的大棚都需要换气用的换气扇。总经理觉得这也是商机，便自己做主，让工厂的员工改成生产换气扇。

过了几天，总部的负责人下来巡查，负责人看了大家这种"不务正业"的行为，找来总经理询问是怎么回事。总经理很巧妙地回道："这其实也是一种电风扇。"负责人没太在意，就这样过去了。结果，好几年过去，这个工厂一跃成为日本第一家生产工业用风扇的大型厂家。

在工作中，我们的关注点应该集中在这么做产生了多少绩效，而不是我做了多少工作。如果一开始的方向就是错的，但是依旧沿着这条路走到底，那么只能一无所获。只有大胆改变方向、勇敢创新，才能收获更多。

因为前几年苹果市场价值被看好，苹果价格飙升，许多果农都大赚了一笔，种苹果的果农也越来越多，终于苹果市场饱和。但是种苹果的果农并没有因此减少，据市场预测表明，今年苹果的产量会创历年新高，市场上的苹果最终会超负荷，供大于求，苹果的价格会大大降低。果农听了这个消息，都十分担忧，但是也没办法。都快成熟了，能怎么办？

但是有位W先生却不是这么想的，他想到，如果在苹果身上"写"上祝福，例如，"喜""寿""福"之类的，肯定能卖个好价钱。说做就做，M先生把剪好的纸样贴在了挂在树上的苹果上面，由于纸样都贴在苹果的背面，照不到阳光，所以过一阵揭下来的时候，苹果的背面自然而然就会留下印子。要是纸样是"福"字，苹果上就会出现"福"字。

终于到了苹果上市的季节了，M先生家的苹果因为别具一格，果然受到了热捧，不仅很快销售一空，价格也比别人高了几倍。

第二年，许多果农都开始用M先生的创意，但是M先生并不怕，因为他又想好了一个妙招，那就是把苹果上的字连成一句祝福的成语，然后把苹果成组地装在一起。比如，"健康长寿""百年好合""花好月圆"等。总之，只要是祝福的话应有尽有。自然，这一年，M先生靠着自己独特的小妙招，又赚了个盆满体钵。

我们在生活中遇到的很多问题都是前所未见的，这就要求我们必须有创新的思维，跟上时代发展的节奏。遇到挫折和问题的时候，我们千万不可向毛毛虫那样做毫无意义的努力，而是要换一个角度，换一种思维，以便能更灵活有效地解决问题，从而达到事半功倍的效果。

小贴士

创新并不是让我们摒弃过去，如果是好的经验和方法，我们应该继承，但是一味地沉浸在过去的旧思想中，不懂得变通，就不可取了。社会每天都在发生着变化，要想跟上它的步伐，不被淘汰，就必须紧跟潮流，用创新思维为自己不断开拓新路。

理智区分"好钱"与"坏钱"

假设有这样两家店铺都卖老婆饼：第一家的老婆饼馅料充足、尝起来可口又新鲜，价位合理、童叟无欺；另外一家卖的老婆饼又硬又不好吃，馅料也不丰富，甚至还可能要过期了，但是价位是第一家的一半，你觉得谁家的老婆饼更容易卖出去呢？

答案并非和大家想到的一样，第一家更容易卖出去。为什么呢？这就是格雷欣法则中将要介绍的。

格雷欣法则是一条经济法则，也叫作劣币驱逐良币法则，意思是在双本位货币制度的情形下，两种货币同时流通，若是其一产生贬值，其实际价值相对另一种货币的价值来说更低，实际价值比法定价值高的"良币"将会被普遍收藏起来，渐渐在市场上消失，最终将不再流通，而实际价值比法定价值低的"劣币"则会在市场上大量泛滥，最终致使货币流通不稳定。

16世纪时期，英国经济学家格雷欣爵士发现了这种现象，并且将其命名为"劣币驱逐良币"现象，之后人们亦称其为格雷欣法则。它所说明的就是：优秀的并不一定会每次都能战胜卑劣的，好的也并不会永远击败差的。达尔文的"优胜劣汰"法则在现实世界中也不会永远灵验。

假如有这样一个旧货交易市场，里面的旧货各种各样，虽然是同一种东西，外表看起来也差不多，但是实际质量却千差万别。比如二手交易的名牌包，包的实际质量卖主最清楚，但是买主是无法知道包究竟值多少的。假如二手名牌包的质量好坏是分布较为均匀的，质量最好的能够卖到3万元，那么，买主一般想出多少钱购买一个不明情况的二手包呢？大部分人都会出价8000元。这样的话，卖家能同意吗？很显然，只用过一两次价值3万元的好包，主人是不会放在这个旧货市场卖的。这样一来，旧货市场就会进入恶性循环，等到买主发现市场上一半的名牌包都不见了，他们就会认为剩下的那些都是中等质量之下的了。于是，买主出价又会降到5000元，而卖主则会把价值高于5000的名牌包退出市场。长此以往，旧货市场上"价值高的包"就变得越来越少，最终会被那些质量次的包包逐出市场。如此一来，这个旧货市场也会慢慢瓦解了。

在这种情况下，人们作出的选择都属于"逆向选择"，这种现象之所以会产生就是由于信息不对称，同种情况在人才市场领域也大量存在。

有一名医生从国外学成归来，是标准的"海归"，在某市某大医院就职。这位医生不仅专业技术过人，还有高尚的医德，工作恪尽职守。只有这些也不会怎样，这位医生有一个"怪癖"，或者可以说是从国外带回的一个"坏毛病"，就是从来不收受病人私底下送的"红包"，他的这种行为，立马激发了同医院其他大部分医生的一致愤怒。

最后，院方解除了这名医生的聘用合同，并且没有让他简单地一走了之，医院还扬言该医生工作不称职，无法胜任医生的工作，使得这位医生下岗之后在同一领域无法找到工作，最后不得不再次出国，另谋出路。

20世纪，意大利伟大的思想家、作家卡尔维诺写过这样一段话：在一个每个人都偷窃的国家中，唯一一个不想偷窃的人就会变成众矢之的、被所有人攻击。因为如果在黑羊群中放入一只白羊，这只白羊就会成为"另类"，一定会被黑羊驱逐出去。这位医生就像黑羊群里的白羊，虽然他自身很有能力，但是因为无法"融入"集体，坚持自己的原则，最终被解雇驱逐。这是一件遗憾的事，如此优秀的人，却偏偏成了格雷欣法则里的"良币"，最终被淘汰出局。

有的时候，现实就是这样，优秀不一定会胜出，劣势也不一定会失败；有的人插队就可以提前上车，而有的人排队可能赶不上这趟车……可以说，在社会中，"劣胜于优"的案例数不胜数。而且这种情况在一个缺乏健全体制与良好秩序的环境中，很有可能长期存在，这的确是一件值得每个人沉思的事。

小贴士

"劣胜于优"虽然是生活中很常见的一类现象，但是这并不能成为我们往外的方向靠拢的借口，我们应该清醒地认识到，这种现象只是不健全的社会制度下的产物，并不是社会常态。我们应该时刻提醒自己，分清"好钱"与"坏钱"的区别。

做一个理性投资者

心理学家做过这样一个实验：在一群羊前面放一根木棍，如果第一只羊抬起脚跨过去了，那么第二只羊、第三只羊……第七只羊都会抬起脚跨过木棍。到第八只羊的时候，实验者拿走了羊群前面的木棍，但是第八只羊走到原先放木棍的位置的时候，还是抬起了脚，第九只、第十只也是，这就是心理学上说的羊群效应，也叫从众效应。是指由于对信息缺乏了解，投资者很难对市场作出合理的预期，往往是通过观察周围人群的行为而获得信息，在这样的信息传递过程中，许多人得到的信息将大致相同且彼此强化，从而产生从众行为。

在资本市场上，羊群效应是一种盲目的非理性行为。这种行为在投资决策中起到重要作用，并且直接影响投资效果。

在拍卖会上，一群人竞拍某一件古董，大家逐轮出价，场面热闹，拍卖价格一直飙升。这样下来，最后一定会有一人成功拍下这件古董，但是他给出的价位很可能超出古董自身价位很多。这就是说，最终拍下古董的人，虽然名义上是最后的赢家，却没有赢家的利益，长此以往，便会进入恶劣的循环之中。市场上这样的情况非常常见，特别是中国这片新兴市场，更容易出现这种事。在股市中，只要哪个题材或板块被炒热之后，投资者就会一窝蜂拥上来，这种缺乏理性的投资一般都没有深入的分析，也不管付出的买价是否合理。在浮躁喧嚣中，投资者虽然自我感觉不错，成为市场上暂时的赢家，但是事实上他买入的很可能是一块烫手山芋。

上面提到的投资者的行为即为典型的非理性投资行为，投资者一般不明情况，盲目跟随、模仿别人，或过于相信舆论，不思考自己的实际情况。这样的心理不仅在拍卖市场常见，在股票市场上也经常见到。

王健是一家银行的员工，因为工作的原因，王健十分清楚，把钱存在银行，等待银行的利率其实是投资见效最慢的方式，而且因为通货膨胀的原因，货币不断贬值，把钱存起来，甚至可能是亏本的，所以工作了几年之后，他准备拿着自己手里的积蓄做一点投资，直接放弃银行储蓄，选择了股票。

王健观察了一周股票交易市场的行情之后，谨慎选择了两家上市公司的股票，一家是餐饮，一家是保险。第一个月的时候，股票整体行情不错，王健投进去的8万块很快涨到了10万块。王健很开心，但是好景不长，离涨停仅一周不到，王健所买的股票就开始下跌。虽然王健心里清楚股市波动很正常，但是当他看到大家都在卖手里的股票的时候，为了保险起见，也把股票卖了。

投资人在理财时，之所以选择股票，主要是想低价买入，高价卖出，为自己的财富增值。但是经常可以看到的是，投资者作决策时往往会被短期的价格波动影响，市场上的一丝风吹草动都让他们非常敏感，就和王健一样，只要市场有了调整，就失了镇静，或偏离原本的轨道，或放弃原有的目标，其投资结果被短视行为而影响。

由此可见，理性的投资往往会被一些非理性的因素左右或者干扰，投资中出现的非理性因素都可能对投资者的决策行为有所影响，从而影响投资的最后结果。人的思维总会包括非理性因素，市场也是人们创造的，必然少不了非理性因素的存在。但是成功的投资却是依靠理性才能存在的，因此投资者只有在决策里增加理性因素，才有可能获得理想的投资回报。

因此，我们能够看出，心理效应常会在潜移默化中左右投资者的投资行为。那么怎样才可以让我们保证清醒的头脑，尽量避开羊群效应对我们的干扰呢？通俗地说，投资者结合自身的风险承担能力、家庭经济情况、目前所在年龄阶段进行综合考虑。正所谓"知人者智，知己者明"，投资者只有更加完整全面地了解自我，才可以不受到投资过程中的心理效应的干扰，实现最优化的投资目标。

小贴士

投资有风险，入市需谨慎。不管是投资哪一行，都必须提前对市场进行最全面的了解，学习相关知识，在对市场作出完整的分析之后，再考虑是否投资。投资就是一场豪赌，它的风险性不会给你后悔的机会，所以一定要慎之又慎。

守株待兔也是一种策略

猪圈里面有两只猪，一只大，一只小。猪圈很长，一头有一个踏板，另一头是饲料的出口和食槽。每踩一下踏板，在远离踏板的猪圈另一边的投食口就会落下少量食物。如果有一只猪去踩踏板，另一只猪就有机会抢先吃到另一边落下的食物。当小猪踩动踏板时，大猪会在小猪跑到食槽之前刚好吃光所有的食物；若是大猪踩动了踏板，则还有机会在小猪吃完落下的食物之前跑到食槽，争吃到另一半残羹。

那么，两只猪各会采取什么策略？令人出乎意料的是，答案居然是：小猪舒舒服服地等在食槽边；而大猪则为一点残羹不知疲倦地奔忙于踏板和食槽之间。为什么会出现这个结果呢？原因其实很简单，因为小猪踩踏板将一无所获，不踩踏板反而能吃上食物。对小猪而言，无论大猪是否踩动踏板，自己不踩踏板都是最好的选择。反观大猪，已明知小猪是不会去踩动踏板的，自己亲自去踩踏板总比不踩强吧，所以只好亲力亲为了。

"智猪博弈"的结论似乎是，在一个双方公平、公正、合理和共享竞争环境中，有时占优势的一方最终得到的结果却有悖于他的初始理性。初一见这种说法，好像不合情理，但事实上，这种选择"搭便车"策略的情况在现实中比比皆是。

比如，在某种新产品刚上市，其性能和功用还不为人所熟识的情况下，如果生产新产品的不仅是一家小企业，还有其他生产能力和销售能力更强的企业。那么，小企业完全没有必要做出头鸟，自己去投入大量广告做产品宣传，只要采用跟随战略即可。

在职场中，智猪博弈的例子也比比皆是。一家新开的理发店，向外发布招聘广告，高薪聘请一位理发师和一位造型师。理发师一个月5000元，造型师一个月7000元。周一前来应聘的两个人正好以前都是同时兼作理发师和造型师的，所以他们俩都想应聘造型师。现在两人的情况是，应聘者甲比应聘者乙多两年的工作经验，而且在理发店的考核中，甲给剪头发的顾客与乙给剪头发的客户满意度高。

看到这里，大家一定会认为造型师的工作一定是甲的了，甲对此也有十足的信心。在与理发店的经理面谈的时候，甲为了更好地表现自己，除了详细说明了自己丰富的经验外，还给经理看了自己以前给顾客做的发型，和他们对自己的褒奖。而乙却是在展示了自己对发型造型的见解和自己以前做的造型之后，便开始贬低自己在理发方面的能力，并现身说法，说起了给顾客剪头发的时候，甲的顾客更满意。所以他认为如果让他做理发师可能会引起顾客的反感。最终甲做了理发师，乙做了造型师。

为什么会造成这个结果呢？这就得用"智猪博弈"理论来分析了。由于乙贬低自己在理发方面的能力，那么理发店出于对挽留人才的考虑，要留下他，只能聘他做造型了。而甲因为经验丰富，两项都能做，那么做理发师也是可以的，所以无形中就成了实力较强的"大猪"，让实力有所欠缺的"小猪"乙占了便宜。

从上面这个故事来看，懂得"智猪博弈"对于个人并非是件坏事。"智猪博弈"告诉我们，谁先去踩这个踏板，就会造福全体，但多劳却并不一定多得。在现实生活中，很多人都只想付出最小的代价，得到最大的回报，争着做那只坐享其成的小猪。

许多企业中都存在这种现象，就是在企业内部总会存在各种各样的小团体。而且每一个团体都代表了一部分人的利益，有时候小团体为了给自己争取更多的利益，所以冲突就不可避免了。这时，每个团体就会为各自的团体推选一个代言人，然后由他们作为领头人去为集体利益（如争取加薪或增加福利等）作出积极行动。而且我们会发现，这些被推选为代言人的都是胸无城府、意气用事的人。

然而，群体活动的最大受益者永远是躲在幕后的"小猪"。因为在幕后，如果活动成功了，他们可以不出任何代价地优先分到一杯羹；即使失败了，他们也可以说："这件事与我们没有关系，我们也是受害者"，然后把责任推给出头的"大猪"。

"大猪"奔波忙碌、用尽力气，结果最大的利益者却是什么力也没出的"小猪"。从"智猪博弈"这种心理上的谋略在现实生活中的应用，我们可以看出：守株待兔有时不一定就是错的。

小贴士

俗话说"枪打出头鸟，刀砍地头蛇"。适当地避开锋芒在许多时候绝对是非常明智的选择。这不是逃避，而是一种自我保护。但智猪博弈并不是在所有情况下都适用，很多时候，如果面对机会不积极争取，而是一味地躲在人群后面，那也有可能永远没有出头的一天。

心理学与消费：花钱量入为出，走好致富第一步

我们每天都要花钱，甚至可以说我们赚钱就是为了把它花掉。但是花钱也是有原则的，大肆挥霍的人，是聚不了财的，尤其是不理智的消费更是不可取的。花钱时学会量入为出，多了解各种消费心理带来的陷阱和诱惑，才能真正走好致富第一步。

天上掉馅饼的好事真的存在吗

天上掉馅饼本指天空中降落类似馅饼那样的既免费又好吃的食物，泛指在自然生活中会无缘无故地发生一些可以满足人们欲望的物质或财富方面的事情。

很久以前，有个叫刘明的人，因为家里穷得都揭不开锅了，只好跟着隔壁的一个小伙子，一起到码头帮人搬东西、做做苦力活。一天，他和其他工人正像往常一样在树下休息，等着开饭，忽然听到不远处人群骚动，一打听，原来是天上忽然掉下了馅饼。刘明乐坏了，心想居然有这等好事，于是三步并作两步地跑到人群中，抢了许多大馅饼。

拿着大馅饼回到家的刘明十分得意，一家人饱餐一顿之后还剩了不少饼，家人让刘明拿到街上卖了换钱，但是刘明却不这么想，他好吃懒做习惯了，竟然直接拒绝了家人的提议，他一心想着有现成的饼可以捡，所以说什么也不愿再去做那累人的苦力活了。

第二天，刘明和两个孩子满怀希望地来到街上，却并没有看到大家争先恐后抢饼的场景。刘明想肯定是大家捡完了，想着明天来早点，便乐观地回家了。如此来回跑了一周，刘明起得一天比一天早，但是直到家里捡来的饼都吃完了，刘明也再没有捡回一张饼。刘明不解，问路上的行人，最近饼怎么抢得这么快，他天不亮就来了，还是没抢到。路人听了哈哈大笑说："天上哪会掉馅饼啊，那天不过是卖馅饼家的老板娘和老板吵架，扔的一些饼而已啊！"

故事的结局很戏剧，但也让人反思，人人都渴望天上掉馅饼，但事实上真的有天上掉馅饼的好事吗？答案很明显是没有。想发财是每个人都会有的想法，但是怎么获得财富，确实值得每个人思考。但不管怎样，什么也不做，空等着有一天大馅饼砸到自己显然是不切合实际的。不管做什么都必须靠自己的双手，努力争取才能得到。

何夕是一家财务公司的会计，工作勤勤恳恳，还算顺利。一个季度结束了，何夕照例为公司的季度账单忙碌着，何夕算着算着忽然停下来了，他惊讶地发现公司的账上忽然多了二十万块钱。何夕的心一下子乱了，他心里十分清楚，只要自己不说，他完全有办法把这笔横空出世的巨款占为己有。但是同时他也很清楚，自己这样做是犯法的。要是被查出来自己也完了。经过了一番思想斗争，何夕最终还是做了手脚，把二十万元挪为私用了。

很快到了年底，算账的时候，账上又"多"了十几万，虽然也觉得很奇怪，但是尝到了甜头的何夕，还是再一次将这些钱装入了自己的口袋。因为是账上"多出来"的钱，所以过了很久也没出事，直到第二年6月，财务公司出了问题，被客户举报其实是个洗钱公司，何夕才幡然醒悟，那些钱其实是收买自己成为老板的自己人的，因为自己本身有问题，所以何夕即使发现债务有问题也不敢举报。就这样除了老板和合伙人，何夕也被警察以共同犯罪的罪名逮捕了。

君子爱财，取之有道。不管何时，我们都应该记住，天上是不会掉馅饼的，要想累积财富，就必须靠自己的双手去打拼。只有努力生活，财富才会不断增加，越来越多。想依靠天上掉下的"馅饼"发家致富是不可能的事情，因为馅饼有时候还可能是"陷阱"。

小贴士

人人都渴望能得到更多的财富，这无可厚非，但是如果是不正当的财富，是无论如何都不能要的。自古以来，人们就一直宣扬君子爱财、取之有道。所以不管是什么钱，只要是进自己口袋的，都必须是干干净净的。

理性购物，货比三家不嫌多

偏好心理实际是潜藏在人们内心的一种情感和倾向，它是非直观的，引起偏好的感性因素多于理性因素。偏好消费则是指消费者按照自己的意愿对可供选择的商品组合进行的排列，对特定的商品、商店或商标产生特殊的信任，重复、习惯地前往一定的商店，或反复、习惯地购买同一商标或品牌的商品。属于这种类型的消费者，常在潜意识的支配下采取行动。

小丽是一家商场的导购员，小丽自认为是商场的内部人员，知道一些内部行情，所以不管是什么东西，只要是商场有的，她都习惯性地直接从商场买回家。

晓阳是一个资深的追星族，不管是什么东西，她都喜欢购买印有自己偶像logo标志的，因为在她眼里，这就是对偶像最好的支持。

离王大妈居住的小区不远，有一个很大的农贸市场，里面有二三十家卖蔬菜、果肉的商户，但是王大妈总是在固定的一两个商户那里买菜和肉。王大妈的新媳妇不解，问她为什么每次来了都直奔这两家。王大妈说她都和这两个老板混熟了，所以也不怕他们会坑自己。新媳妇听了，以后每次去市场，也直奔这两家商户。

其实像上述例子还有很多，比如，上班的白领都喜欢逛大型超市，一次性把所有商品买回家。比如，你偶然间发现某个牌子的内衣穿了很舒服，在之后的很长时间里，你购买内衣时都会习惯性地去这家内衣店。这其实就是偏好消费在生活中的直观体现。这种消费观并不会对消费者带来显性的、直接的损失，但是这种偏好心理支配下的购买行为具有主观性和盲目性，若长期发展下去，会让消费者变得盲目，不再注重质量，而只认品牌和熟悉度。

要想避免偏好心理带给自己的影响，最好的方法就是运用货比三家策略，货比三家策略是指在谈判某笔交易时，同时与几个供应商或采购商进行谈判，以选其中最优一家的做法。

例如，甲公司想购买一批材料，为下一阶段的生产提前做准备。乙公司和丙公司都是不错的供货商，但是因为两家公司的态度和条件均有所差异，最终甲公司选择了态度较为积极的丙公司签订合同。在合同正式签订之前，乙公司又主动找上门来，愿意合作，并提出了新的条件。于是甲公司便请来两家公司的负责人，分别在两个办公室里同时就购买问题进行谈判，甲公司的谈判人员则不断在两个公司之间交换双方的条件，直到一方无力提出新的条件为止。甲公司最终还是和丙公司签的约，但是却比第一次准备签约时，多了免费配送和30%材料半价的优惠，而这就是货比三家策略带来的好处。

在购买一件商品时，道理是一样的。看准一件商品之后，至少和三家同类的商品作比较，通过对比颜色、性能、价格等方面的差异，选出性价比最高的那件商品购买。那么你买到的一定是最划算的。货比三家的最高原则就是买到性价比最高的商品，因为买商品时的选择比消费者凭借偏好心理直接作的选择要更多，所以消费者思考的也会比较全面，这样就避免了盲目性和主观性。

虽然使用货比三家策略的最终目的是买到性价比最高的商品，帮消费者省钱，但是在注重价格的前提下，也要注意以下几个问题：首先是对比

的商品要具有可比性，只有两件商品势均力敌时，才有对比的价值。其次是对比的内容要有侧重点，比如衣服，主要对比的是质量和款式；比如化妆品，则主要追求的是安全性和化妆效果。不管是什么商品，都必须先看它最值得注意的地方，这才是最重要的。最后，也是最重要的一点就是平等地看待所有对比的商品，如果这一点做不到，那么本质上还是没有摆脱偏好心理对自己的影响。

小贴士

偏好心理是我们在购物的过程中普遍存在的一种心理，它本身并没有什么危害，甚至有时候会为我们节省购物的时间。但是太依赖偏好心理就不可取了，因为过于依赖自己已有的认识，容易对商品产生偏见，影响自己对商品的判断。

均衡消费资源，理性投资

雷雷和叶青是同一家公司的员工，因为两人住的地方离得不远，便经常一起下班，有时早上碰到了也会一起上班，时间长了，两个年轻人互生好感，便在一起了。但是在一起后，两人甜蜜的日子没过多久，叶青就犯了难。原来雷雷是个占有欲特别强的男人，以前两人暧昧的时候，雷雷偶尔一次的霸道还让叶青觉得挺浪漫和爷们儿的，但是两人在一起后，面对雷雷无时无刻不宣布的主权问题，叶青渐渐地觉得自己实在有点受不了了。

周一早上，办公室的另一个男同事正好和叶青一班电梯上来，便和叶青聊了一会儿。不料出电梯的时候，正好碰到雷雷要下楼去办业务，三个人就这么尴尬地在电梯口相遇了。本来男同事还没觉得有什么，但是看到

雷雷剑拔弩张的架势，很快就知道是怎么回事了，于是赶紧打完招呼，满脸尴尬地走了。晚上回到家，叶青想跟雷雷说说这件事，希望他不要再这样，但是还没来得及说就遭到了雷雷的质问，雷雷说："你已经有我了，为什么还要对着别人笑得这么开心，你是不是喜欢上别人了？"叶青听完脑袋都大了，想到自己这几个月发生的种种，无奈地向雷雷提出了分手。

明明雷雷很爱叶青，叶青也是爱雷雷的，但是为什么两人却走不到最后呢？一个很重要的原因就是雷雷的占有心理让叶青感到了疲倦与害怕。占有心理最大的特点就是对某人或某事强烈的占有欲。具体的表现是只要是自己看上的和喜欢的，便会不择手段地把它争取过来，让它成为独属于自己的东西。雷雷对叶青的爱便是如此，但是爱并不是占有，它还包括尊重和自由，如果连自由呼吸的空间和最基本的尊重都没有了，那人也就感到疲倦了，这也正是叶青无法再继续这段感情的原因。

占有心理除了在感情中有比较强烈的表现之外，还无时无刻不支配着人们的消费行为，对人们的消费行为产生着重大的影响。范小花和李大牛是一对半路夫妻，两人共同经营着一家小饭店，本来日子过得和和美美，但是最近却闹起了离婚。

刚经人介绍，走到一起的时候，大牛发现小花是个非常勤俭持家的女人，买东西尽量买打折的，而且只要超市有促销活动，她都会买好多放在家里备用。大牛是个本分人，本意就是找个勤俭持家的人过日子，所以大牛很快就向小花家下了聘礼，把她接过来一起过日子。两人在一起之后，为了把日子过好，筹钱在住的地方开了个小饭店，生意还不错，两人也开始小有积蓄。但是李大牛也开始发现范小花一些"不正常"行为——喜欢囤东西。

一开始，李大牛只当小花这是会过日子，所以遇到打折便多买一些，也无可厚非，直到一次，李大牛和范小花逛商场的时候正好碰到商场卖首饰的做促销，范小花一听有促销，立刻兴奋地钻到人群中，抢购了许多首饰，一下子花了好几万块钱，大牛才觉得小花这种行为其实是"不正常"

的。大牛决定找小花认真说这件事，但小花不以为然，她认为这些都是最低价的时候买的，买到就是赚到，所以并不亏。大牛不死心，再次说服道："虽然便宜，但毕竟是用不着的东西，而且把周转的钱也压进去了，实在是不理智。"小花一听关乎生意，没再多说什么，但是过了不久，看到商场过季的衣服打折销售，仍旧买了一堆。大牛觉得小花简直"有病"，于是提出了离婚。

小花真的是"有病"吗？到底是什么原因造成她如此执着于囤积这件事呢？其实这与人在消费时的占有心理有很大的关系。在占有心理支配下的购买动机具有恐失性，因为唯恐失去，所以便会想着多占有。其表现是经常会光顾超市、商场的一些打折优惠的东西，就算暂时没有用，但是看起来划算也会买，而且喜欢购买具有收藏价值的东西。小花这种在大牛看来很不正常的行为，其实正是占有心理在作怪。

占有心理支配下的购买行为具有收藏性和保存性等特点。这种行为本身对消费者并没有太大的影响，恰当地占有甚至是一种非常有前途的投资行为。但是如果我们只是无节制、盲目地占有，就像小花一样，就不正常了，所以我们在囤积商品的时候，应时刻避免不理智的投资行为，做到均衡消费资源，切不可因为这种占有心理影响了自己的正常生活。

小贴士

商场举办打折、促销等活动时，商品的价格较平常确实比较划算，但是我们在大肆地抢购这些"很划算"的商品时，也要考虑实际情况，例如，商品的保存问题和资金问题，如果什么都不考虑，只是为了图便宜，就盲目地占有，显然是不利于家庭收支平衡的，这种消费观也是不健康的。

理智消费，不要被"面子"拖累

　　俗话说："人有脸，树有皮。"可见面子对人的重要性。只要是人，都好面子，因为谁都知道有面子就代表尊严，没面子就是没有尊严，是低人一等的。爱面子无可厚非，但面子应该留多少，什么样的面子值得维护，什么样的面子该舍弃，一定要把握好这个度。有些人为了一己私利，也为了满足虚荣心，不惜一切代价要个面子。其不知这是给自己戴上假面具，套上枷锁，活得既不真实，又很累。

　　李峰和新月是一对夫妻，新月长得很漂亮，在一家酒店做大堂经理，李峰本分老实，是本市第一小学的班主任。两人的生活本来和和美美，但是最近李峰却因为老婆的爱面子受了大罪。

　　新月的同事有许多都不服她，而且老拿她的老公只是一个穷教书的在背后议论她。新月心气高，当然不愿意自己被别人指指点点，几次想反驳又觉得自己老公确实是教书的，所以一直忍着。一次，她在值班室休息的时候，听见两个女同事正在感慨自己的孩子弄进一所好的小学有多难，新月立刻有了想法，要是让自己的老公帮她把孩子弄进第一小学，自己肯定能扬眉吐气。于是下班回家便跟李峰说了这事，李峰觉得不好办，但是妻子第一次有求于自己，便答应试一试，最后真的成了。

　　这次事件果然让新月在同事间的地位提高不少，新月觉得很解气。因为这件事，找新月走后门的同事也越来越多，甚至连同事的亲属也来找她了。新月看着这些人求自己、奉承自己，面子得到了极大的满足。但是却害苦了李峰。李峰本来只是一个普通的班主任，在班上插班一个新学生是没多大问题，但是插多了，他也得去找主任说好话。次数多了，主任也觉得奇怪了，问道："李老师，你这亲戚家的孩子也太多了吧，不会是你在外面收了人好处，帮人办事的吧？李老师，你可是人民教师，这事只要做了，可是要开除的。"

被主任警告了一通，李峰万般委屈地回到家，跟老婆说了这事，希望她能有所收敛，但是新月毫不理解，反而觉得他一个大男人，太娘气了。说这次的几个学生必须给办好了，不然她的面子没处搁。最后两人闹了个不欢而散。

活在世上，饭是一定要吃的，面子也不能不要。但如果为了所谓的面子，说谎骗人，把自己搞得这么累，结果适得其反，失去得更多，显然是不值得的。除了生活，好面子对人的消费观念也有十分重大的影响。

李玲玲在一家保险公司做销售，她上大学的时候一直是班里的班花，是数一数二的美人。玲玲和大学同学毕业后就没怎么见过，直到年初在班长组织的同学聚会上，玲玲才和大家又取得了联系。看着当年的同学一个个要么嫁给公务员，要么嫁给商人，爱面子的玲玲也不愿落人后，隐瞒了老公销售员的身份，谎称他是一家工厂的老板，大家都羡慕不已，说了一堆奉承的话，玲玲觉得自己很有面儿，招呼着大家好吃好喝，为全场的花销埋了单。

和老同学取得联系后，同班的几个姑娘经常周末约着一起逛街。为了不失面子，玲玲总是挑最贵的买，逛一次街下来，就要花掉她两个月的工资。其实回到家，面对着一堆没用的奢侈品，再看看自己的卡单，玲玲也会后悔，但是只要同学再叫她，为了保住面子，她还是会忍不住买一堆没用的撑场面的东西。

"成由勤俭败由奢"是有一定道理的。没有人不想过荣华富贵的生活，但这要靠自己的勤奋付出取得。面子是靠志气挣出来的，而不是阿谀奉承或是吹牛皮吹出来的。面子既能成全人，又能毁了人。如果我们只是为了成全自己的虚面子，就不顾自己的经济条件，打肿脸充胖子，到最后毁掉的只会是自己的家庭与生活，并不能得到别人的同情。

明白了面子心理带给消费者的影响之后，我们应该主动避免面子心理腐蚀自己的心理，养成健康的消费观，用理智的态度花每一分钱。

小贴士

爱面子是中国人普遍都有的心理，这与人的成长和生活环境有关。面子当然可以要，这无可厚非，但是如果为了所谓的面子而影响自己的正常生活，那么就是死要面子活受罪，得不偿失了。

不要为了与别人攀比而盲目埋单

攀比在心理学上被界定为中性略偏阴性的心理特征，即个体发现自身与参照个体发生偏差时产生负面情绪的心理过程。通常产生攀比心理的个体与对照的个体具有极大的相似性，这也是人会对这一对象产生攀比心理的重要原因。因为当两个各方面条件都极为相似的人站在一起的时候，会导致个体被尊重的心理无限地扩大，虚荣心无限增强，严重的甚至会产生极端的自身障碍行为。

彭芳是一名大四学生，临近毕业，彭芳和同宿舍的另外三个姑娘都决定报考本校的研究生。本来四个好姐妹一起报考研究生，又可以一起学习是一件让人很开心的事情。但是彭芳也不知道自己最近是怎么了，总是忍不住拿自己和其他几个人比较，只要一见有人比她复习的时间长，她就特别焦虑和不爽，总觉得是别人背叛了她。

一天晚上，彭芳和舍友复习完回到宿舍，交流彼此的复习进度。彭芳听大家说完，惊讶地发现平时一直在自己后面的小新居然已经赶超自己了。彭芳的心理开始不平衡了，一整夜都在思考这个问题，翻来覆去地睡不着，于是干脆起来继续复习。但是这种焦虑状态下的复习效率并不高，而且还会直接影响第二天的复习成果。

其实彭芳也知道自己这种状态是不对的，但是只要想到别人比自己好，她又忍不住心理焦虑，总想着她们要比自己考得差才好。因为这个，有一次轮到她去自习室占座的时候，她故意以人多为由，没给大家占座。但是事后看到舍友不得不抱着大堆的资料匆匆跑回寝室学习，她又很内疚。

本来共同复习考研应该是一件很美好的事，但是为什么彭芳会产生心理障碍，闹得大家都这么不愉快呢？其实这都是彭芳的嫉妒心理在作怪。嫉妒是一种极想排除或破坏别人优越地位的心理倾向，是含有憎恨成分的激烈感情。在个体之间差异性很小、外界条件基本相同的情况下，很容易产生嫉妒心理，具有明显的对抗性，从而引发消极情绪，导致极端的攀比行为，严重的可能会危害他人的利益，从而使自己也受到良心和道德的谴责。

攀比心理除了会在生活中诱发嫉妒心理之外，对个人的消费观念也有很大的影响。个人的攀比消费心理表现为：对于某些商品，人们购买它的目的并不是因为它本身的使用价值和它给自己带来的乐趣，而是因为"向上看齐""人无我有"的炫耀心理。这种心理状态下的消费都是不理智的，也是不利于身心健康的。

小美是一位刚进大学的新生，因为是家里的独生女，小美从小就是被父母和爷爷奶奶、外公外婆捧在手心长大的。因为怕她一个人在外吃苦，小美一个月的生活费是1000元，按道理，在二线城市，这对一个学生来说应该是绰绰有余的，但是小美却是月月不够。每个月都得另外要钱，次数多了，小美的妈妈觉得不对劲，便问小美要这么多钱干什么。小美一开始不说，小美的妈妈只好以切断资金为由，让她说了实话。

原来，上了大学，小美发现同学都跟以前不一样了，女生都变得爱打扮起来了。小美本来底子就好，自然也不甘落人后，一开始小美也只是爱多买几件新衣服而已。后来发现大家穿的都是名牌，化妆品也都是国外的牌子，小美想着自己也是家里的小公主，凭什么比别人差，于是也爱上了

逛商场、买名牌，尤其是每次穿着一身名牌被大家追着问，小美就觉得十分满足，买衣服的次数也越来越多。一个月1000块，吃饭加偶尔买次衣服是够的，但是隔三岔五地买显然就不够了。小美的妈妈知道原因后十分生气，勒令小美改掉攀比的作风，小美觉得妈妈小题大做，说现在的年轻人都是这样的，而且只要妈妈一提说切断资金，就大闹一场。

大学生消费攀比在高校中已经逐渐成为一种普遍现象，攀比之风现象风起云涌，好像不争个上下死不休的架势。这其实都是由于学生之间不正常的攀比之风引起的。因为大学是一个相对自由的环境，它就相当于一个小社会。因为周围都是跟自己差不多的同学，所以同学之间攀比的心理和虚荣的心理会被无限地放大，最后表现出来的就是争相购买与自己并不十分匹配的名牌产品和奢侈产品，以此达到炫耀的目的。

攀比消费是一种十分不理智的行为，尤其是在自己金钱紧张的时候，它只会让自己深陷虚荣心堆积的旋涡中，被一些肤浅的、表面的东西遮住眼睛，所以我们应时刻警惕这种消费心理，千万不要被它侵蚀，然后盲目地为自己的虚荣心埋单。

小贴士

不过攀比心理不只有负能量的一面，如果能正视攀比心理，把它当作激励我们努力追上别人，让自己变得更好的动力，那也不失为一种正能量了。所以我们一定要把握好这个度，用健康积极的心态与别人比较。

心理学与日常生活：透过日常生活现象，了解背后动机

日常生活中，有很多现象看似巧合，但其实都是心理作用的结果。例如，在电梯里的时候，人都喜欢往上看，看演唱会的时候，大家都会跟着尖叫、呐喊等。那么这些日常生活现象背后究竟隐藏着什么动机呢？它又与我们的心理有什么关系？看完本章的解读，你一定会有所了解。

🔒 高深莫测的第六感是真的吗

　　每当有人提到"第六感"，总会给人一种高深莫测、捉摸不透的感觉。据科学研究表明，人除了视觉、嗅觉、味觉、听觉、触觉这五种感觉以外，还存在着一种对机体的预感，也就是俗称的第六感。在现代心理学研究领域，研究者将重点放到了意识的层面。人们的意识分为意识和潜意识两个层面，而意识有明确的内涵，潜意识则是一个集合的笼统界定（常把不能意识到的意识统统称为潜意识）。

　　西方心理学家认为，意识是通过人们的听觉、视觉、味觉、嗅觉和触觉的五种感官接收外在的刺激，然后经过大脑中枢神经系统作出整理分析，最后确定的认识。而潜意识则是人们接收到的被意识层面所遗漏的东西，它不是人们通过语言或逻辑推理而得的。这些"被遗漏的信息"在大脑中经年累月地储存，使得人们不曾察觉。而一旦当它们浮现到意识层面，成为一种可辨认的感觉时，所谓的"第六感"就产生了。

　　克罗其尔德·纳基琳夫人是瑞士一家婴儿车工厂的女老板，她无意中发现了自己右手似乎能起到天线的作用，而她好像能感受到某种特殊的波。为了证实她的说法，她经常利用自己的特异功能协助警方破案。有一次，一对年轻夫妇被小偷偷走了钱包，她通过透视找出了小偷藏在地下室的锅炉里的钱包。还有一次，聋哑少年阿尔别尔·巴琳（14岁）失踪了。警察请她前来协助，她在地图上看了一会儿，便指着一个警察已经搜索过的地方，十分肯定地说："孩子肯定就在这儿。"搜索队虽然有所怀

疑，但还是再次出动，结果真的在那里发现了被困在岩石缝里不能动的少年。

美国人斯万43岁时曾在美国接受ESP测验，据说他能透视世界各地，准确度高达90%，他曾准确无误地判断出美国国内奈基导弹基地的位置，使军方目瞪口呆。他用透视力画出美国在印度洋迪戈加西亚岛上的秘密基地，精准度比侦察卫星拍摄的照片还高。

基尔·依古鲁斯是美国新泽西州一个广告公司的职员。一天，他突发奇想，让两位同事用皮革眼罩蒙住他的眼睛，他完全靠精神感应，在交通拥挤的大街上骑着自行车行走了15公里，中间任何障碍物都没碰到。结束测验后，依古鲁斯接受采访时说，他之所以能完成这一测验，是因为他接收了后面跟着的3个人发出的"决念波"。

朱丽·诺尔芝是一位英国人，她在15岁时，曾接受过巴克贝大学物理学教授约翰·汉斯丁顿对她做的有关运用意念力的测验。教授把细铜棒封在玻璃管内，她只要用手摸一下管口，就会使细铜棒弯至6度。教授又将两根麦杆交叉成十字形，放进玻璃瓶中，然后用东西从上面蒙住瓶身，她用了5分钟的意念力，使麦杆转动60度。教授还将金属钩与电子测力仪的导线连接，结果是当她把意念力集中在钩上时，仪器的指针会激烈摆动。

从上面这些真实的案例可以看出，第六感的确是真实存在的，但它不是什么特技，也没有什么神话色彩。它是人们用自己的直觉来感受的无意识感觉，并不是所有人都拥有的一种特殊的感觉。那么我们该怎么判断自己是否存在第六感呢？回答下面的测试题，就可以判断你是否存在第六感。

（1）第一次到某个地方，但是对这里的景物都十分熟悉。

（2）身体偶尔会有奇异的感觉，比如，身体会有莫名的痛感或有蚂蚁爬的感觉。

（3）在发生不好的事情之前，会有窒息，全身乏力的感觉。

（4）曾经梦到过的一些事情，在现实生活中发生了。

（5）曾经做过一些色彩缤纷的梦。

（6）和别人聊天时，常常提前预知别人正要说的话。

（7）准确地预感到电话的铃声。

（8）时不时地就会听见无法解释的声音。

（9）经常有预感真的灵验了。

（10）感觉今天会遇到很久不见的某人，然后真的与他相遇了。

以上这十件事，若你的身上发生过3~5件，那么证明你拥有第六感。如果是5个或5个以上的，则证明你的第六感十分活跃。如果是7个以上，则证明你的第六感相当敏感。

小贴士

第六感有且真实存在，虽然这是经过科学家研究证实的事实，但是它毕竟只存在人们想象的空间，所以我们大可不必因为它影响我们的现实生活。相信科学才是我们的最佳选择。

被需要为什么是一种幸福

心理学家认为，需要是一种自身生理与心理上的内在驱动力，可以使人自主地去观察所处的环境，去探索身边的世界。例如，当我们觉得饥饿的时候，就会不由自主地去寻找食物。但是我们活着并不仅依靠吃东西，我们还渴望"被需要"。被需要指的是一种别人对自己需要时，折射进自我心理上的外部驱动力，让人生出帮助别人、探索世界的愿望与心理，最终把这种愿望与心理付诸于行动中。人会产生这样的心理，在心理学上被称为"被需要心理"。

　　保险推销员甘道夫在他年轻时曾经拜访了一名很有名的书商。在书商的家中，他发现摆放了许多奖杯与徽章。甘道夫十分好奇，于是问道："您的这些奖杯与徽章是怎么得到的？"书商回答："我曾经得过美国最佳书商的称号。""那你又怎样变成第一名的呢？"甘道夫又问道。"因为我对我的顾客说'我希望能得到你的帮助'。如果你真心诚意向别人请求帮助的话，没有人会拒绝你的。"听到这里，甘道夫的内心不禁打一个机灵，"那么你都和自己的顾客要求什么呢？""我希望他们能够提供给我他们三个朋友的名字，我可以为他们提供服务。"

　　这就是甘道夫从书商那里听来的成功秘诀。一句"我希望能得到你的帮助"确实为甘道夫提供了不少帮助，在从客户那里要到三个朋友的名字后，他还会接着询问客户，关于三个朋友的年龄与经济状况。离开之前他对客户说："下周你会和他们见面吗？如果你们见面，能否和他们提及一下我的名字？或者，你介意我提起你的名字吗？我会使用和你结交的方法，和他们结交。"

　　如此一来，甘道夫的客户群就如滚雪球般越滚越大，最终成为历史上第一个在一年之内销售超出10亿美元寿险的成功者。

　　甘道夫的成功绝对不是偶然因素。之所以能够成功，是因为甘道夫常会对别人说"我希望能够得到你的帮助"，而这种看起来不足挂齿的小忙，在日常生活中是人们最容易接受，并且伸以援手的。这就是人们的"被需要心理"所体现出来的。

　　小林和小娟是一对夫妻，小林是律师，在一家法律事务所上班，小娟是一家电信公司的客服，每天的工作就是跟各种各样客户交流或"周旋"。因为工作的原因，小娟下班以后都不是很爱说话，用她的话说就是，她上班的时候已经把话说够了。小林很爱老婆，所以也很体谅她。但是时间长了，两人的矛盾就渐渐出来了。因为长期没有交流，小林觉得他们家变得越来越冷清。

　　因为小娟还有点女汉子个性，遇到事情能不找人帮忙就不找人帮忙，

这种不麻烦人的性格在朋友看来的确够利落，但是小林却不这么想，因为在他看来，小娟根本就不需要他这个老公。小林找小娟谈天，说到这点，小娟却觉得是小林想多了，她只是不想麻烦他，并没有什么不妥。

随着社会的发展，人的生活也越来越独立，案例中的小娟便是这种拥有独立人格的人。但是她的这种独立在成立家庭以后，显然是行不通的。因为两个人在一起了，所有的事情就不再是一个人的事情了，小娟的这种独立，在她丈夫小林看来，就是把小林当外人了，所以才不需要他的。

生活告诉我们，不是只有一味地"需要"就能够满足自己所有的生活需要，每个人都还渴望被别人、被家庭以及被社会需要，不然生活就会失去本来的意义。于是，在我们的日常生活中，需要与被需要就像一对有力的翅膀，只有保证平衡，才可能让我们在人生旅途中有充足的动力，飞得更高更快。因此，"被需要"其实是一种积极向上的心态，是获得快乐与健康的原动力。

小贴士

"被需要"是所有人都有的一种很正常的心理，要想自己真正为人所需，可以在别人需要自己的时候伸出援助之手，我们必须不断努力，让自己变得更优秀。

🔒 人在乘电梯时为什么喜欢向上看

逃避心理，就是在现实生活中，自己和社会以及他人在产生矛盾以及冲突的时候，无法自主地解决矛盾与冲突，而只是躲避矛盾与冲突的一种

心理现象。

在日常生活中，随处可见逃避心理，例如，在坐电梯的时候，人们习惯会抬头朝上看。这样不仅是为了盯着指示灯看自己要到的楼层，还可能是躲避他人投来的目光。因为如果自己不知道看向何处的时候，稍微不留神，就和别人的视线撞到一起，而这种时候，人们的心里总会产生一种压迫感。因此，为了躲避这种压迫感，人们总会下意识地避免与他人视线的交汇。

为什么在电梯中会出现这种现象呢？细究原因，是一个心理空间的问题。心理空间，指的是人们需要在一定范围内拥有自己的私人空间。如果这种心理空间被别人占有了，就会产生浑身不舒服的感觉，这是人的本能反应。

每个人都有心理空间这样的防卫距离。如果我们身边突然出现陌生人，总会莫名其妙地感到一阵害怕。不光是在电梯中，在图书馆、地铁中也常会发生这样的事情。如果在地铁中，我们身边有许多空位，这时，一个陌生人径直走了过来，直接坐在我们身边，我们就情不自禁在心里泛起了嘀咕："周围空了那么多位置，为什么一定要坐在我身边呢？"

像这样普遍现象的出现，正是人们内心逃避心理的体现。逃避心理是一种不能正视现实的盲目心理，最直接的后果就是人们无法掌握锻炼的机会，容易影响心智的成熟。

当鸵鸟遇见狮子的时候，它的本能反应就是逃走。如果狮子一直追着它，让它无法逃脱的时候，它不会不顾一切地拼命奔跑，而是一头埋入沙子中，对凶残的狮子眼不见为净。

其实，鸵鸟奔跑起来的速度可以达到每小时70～80千米，逃命的时候还会更快，但是狮子奔跑的速度只有每小时80千米。鸵鸟能够以70～80千米的时速连续奔跑半小时，但是狮子却只能坚持几分钟。更何况鸵鸟还有特别强壮并且锋利的爪子，如果和狮子搏斗起来，战胜狮子也不是没有可能的

然而悲哀的是，在最关键的时候，鸵鸟总是忘记自己所具有的优势，选择逃避进沙子里，其最终的命运也是可以预料的了。

在生活中，不如意之事经常会发生，那些完美的事只存在于大家的幻想之中，而现实世界是很难出现的。如果你常常感觉自己总是最倒霉的那个人，在这种心理驱使之下，即使你出错，也很难意识到错误的本质，还是会帮自己找到各种各样的理由开脱。

事实上，面对困难的时候，选择逃避或者逃开惩罚并不是什么违背道德的事情，这只不过是人的本能反应。大部分人在面对"有利"和"不利"两种形势的，会情不自禁地选择趋吉避凶。然而，一味地逃避，其最后的命运就和那只把脑袋埋入沙子等待灾难来临的鸵鸟一样了。

心理学上有一条重要的心理规律，即发生在自己身上的事，不管多痛苦，都是无法逃脱的。俗语说得好，是福不是祸，是祸躲不过。只有勇敢面对，才有可能想出化解的方法，超越困难，等到解决完问题后就会发现，原来曾经让人痛不欲生的事，就和人生的一个小插曲一样，在战胜它的过程中，你也收获了更多的光明与美好的回忆，增加了你的人生财富。

小贴士

遇到事情，不要老是抱怨、逃避、给自己找各种过不去的借口，这都不是你不幸福的理由。想要成功，在遇到困难的时候，就不能畏畏缩缩，只想着逃避，而是勇于面对，在困难和失败中磨炼自己的意志。当你遇到困难时不给自己找借口逃避，而是勇敢跨过去，那么你离成熟和成功也就不远了。

大家为什么都喜欢坐靠边的座椅

心理学认为，人和人之间感情的亲疏和两人之间空间上的距离不是成正比的，换言之，不是你和谁站在一起，你们的关系就更亲近。在心理学上，人和人之间需要一定的安全距离，这样的安全距离差不多是0.6~1.5米，如果有人打破了这个距离，就会造成一种侵略感与压迫感，令人非常不自在。

安全距离范围之内的"地盘"，即一个人的个人空间，如果这个空间遭受挤迫，就容易让人产生压迫感。因此，在交往的时候，一定要掌握"距离产生美"的道理。

小罗是一家外贸公司新聘的总经理助理，小罗刚上班的时候，不是很了解他们的总经理，所以做事总是小心翼翼，但是效果并不佳，小罗并没有因此而博得王总的好感。一次，他看见公司营业部的小王和王总两个人办完业务回来，有说有笑，王总看起来十分开心。小罗心想，原来王总是个很随和的人啊，所以平时和王总相处起来也随意了些。

一次，小罗去办公室向王总汇报工作，为了显示自己很"随和"的个性，小罗有意地凑到王总的跟前，而王总却总是不自觉地往后退。

起初，小罗的这种谈话方式只是让王总感到不自在，但王总觉得，他可能是刚来什么都不知道，于是并没有流露出自己的不满。他试图通过自己的暗示，让小罗明白自己并不喜欢这种近距离的接触，但是并没有什么效果。而且时间一长，老总发现，小罗不但没有觉察到自己的行为有何不妥，反而变本加厉。老板每向后退一步，小罗就会向前追一步。就这样，老总一步步地后退，小罗一步步地向前。最后，老总终于忍无可忍了，于是开口道："小罗，你说话为什么一定要挨着人这么近呢？你接待客户的时候也是这样吗？你知不知道这样会让人感到不舒服？"小罗听完，脸涨得通红。

心里憋屈的小罗找同事小谢抱怨，说："我们这个王总还真是喜怒无常，怎么小王和他亲近可以，我就引起他的反感了呢？大家不都是他的下属吗？"

"哈哈，这你就错啦，营业部的小王是王总的表弟，而且两人是很好的朋友，勾肩搭背当然没什么，但是你只是助理，而且刚来，王总自然是不习惯的啊！"

小罗之所以会引起王总的反感，很显然，正是因为他的行为让王总觉得自己的私人空间遭到了入侵。美国心理学硕士邓肯曾经说过："1.2米是人和人之间的安全距离，除了你非常信任、了解或者亲密的人，不然，不管是讲话还是别的交往，如果逾越了这一距离，就容易令人产生不安全的感觉。"

在生活中，大部分人都有同样一个爱好，那就是，不管是坐公交车还是坐火车，或者是在餐厅吃饭，人们都喜欢坐在靠边的位置。例如，当许多人挤上一辆公交车的时候，前面的人总会选择靠两端或靠窗的位置，三排座的中间位置则会被后来者坐满。这一现象，也是由于人们的私人空间意识。坐在靠边的位置上，只需要一边和他人接触，如此一来，自己的私人空间就变大了，其安全感更加强烈。再比如说，在咖啡馆、快餐店等公共场所，靠外的一排总是很少人去坐，靠里的位置总是坐满了人，因为在里面能够拥有更多的私人空间，坐在外面则更容易暴露在来来往往人的视线中。

若是在晚上，你一个人走在路上，这时，突然发现有个不认识的人就在离你不远的地方，而且他还在快速靠近你，你会有怎样的反应？肯定是突然一阵紧张感涌上心头，然后也加快步伐并且抓紧自己的背包。直到他很快地超过了你，这时你才彻底放下心来，知道对方原来是在赶路。然而，最开始的感觉，一样是因为你的私人空间被人挤占了。

事实上，人和人之间交流情感时都需要保证一段安全距离，不管是面对面直接沟通，还是心和心的交流，都适用这一规则。超出了安全范围，就容易干扰了别人，给对方造成压迫感，令人非常不舒服。

小贴士

"距离产生美"，即使是再亲密的朋友、爱人，也需要一个属于自己的小空间。给别人留足私人空间，不打扰，就是对对方最好的尊重和保护。

🔒 在外受气的人为何喜欢在家里耍横

补偿心理，原本指的是一种生理现象，也就是说，当身体的某一器官产生病变或者有缺陷时，另一些器官便会加强，弥补不足。如双目失明的人，听觉、嗅觉、触觉都会格外灵敏。

从心理学上看，这种补偿，其实就是一种"移位"，即努力发展自己其他方面的长处、优势来达到克服自己生理上的缺陷或心理上的自卑的目的，进而赶上或超过他人的一种心理适应机制。正是由于这一心理机制的作用，自卑感成了许多成功人士超越自我的"涡轮增压"，成了他们成功的动力，而"生理缺陷"越大的人，他们的自卑感也会越强，寻求补偿的愿望就越大，成就大业的本钱就越多。

美国著名总统林肯因为出身微贱、面貌丑陋和言谈举止缺乏风度等先天性的不足，让他在小时候受尽周围人的欺侮，导致他对自己的这些缺陷十分敏感，心里也极其自卑。

林肯从小学习就十分努力，他希望通过自己的奋斗，来补偿自身的缺陷和不足，改变自己的命运。后来，他不仅领导了美国南北战争，还颁布了《解放黑人奴隶宣言》，为维护美联邦统一作出了杰出贡献。最终，他摆脱了自卑，成为受人爱戴的总统。

林肯的成功，正是得益于他对自卑心理的补偿。也正是这种补偿，让林肯重获动力，增强自信，并最终取得成功。可见，由"心理补偿"驱动所采取的积极行为，是重塑信心和获得成功的一种有效途径。

但是，心理补偿在日常生活中也会表现出非常消极的一面。有些人为了弥补自己的心理缺失，往往表现得比较自私，敏感，很容易伤害别人。生活中，那些"窝里横"一族，就是这类人的突出代表。

小芳是一家小出版公司的文员，因为工作杂而且多，报酬又很少，所以小芳第一天上班就是带着不满的心开始的。带着这样的心情开始的工作，又怎么可能做得开心呢？所以抱怨、吐槽就成了小芳和朋友聊天时必聊的内容。朋友看她实在工作得不开心，劝她换个工作，但是她却不高兴了，总是怀疑朋友是瞧不起她，说着说着就生气了。

小芳在公司上班的时候却又是另一副状态，完全不是她所说的不喜欢这份工作的样子。不管老板的工作多么不合理，例如，让她大早上跑到医院帮老板的妈妈挂号。她都会任劳任怨地去做，不敢说一个"不"字。不管公司的同事多奇葩，例如，举报她上班时间吃东西，她都会强忍着配合同事做完要做的事，从不敢说二话。这样憋屈地过完一天，下班回到家自然是不开心的，和她同住的朋友自然就成了她发泄的第一对象。不管对方做什么，她都能挑出一堆毛病。有一次，朋友在床上看电视，见小芳正在喝水，便让她顺便给自己倒一杯水，谁知小芳立刻就炸了，说朋友把自己当佣人，不尊重她。而且总是以此为理由，让朋友做这做那。

小芳这种种看起来失衡和无理取闹的行为，究其原因也是心理补偿意识的作用。因为在工作上不得志，在外受了气，所以回家总喜欢拿自己的朋友开火。因为人在潜意识中，总是一直在寻找补偿自身缺失的东西，而小芳在工作中丢失最多的就是尊重，所以当她在外边不受尊重、被人指使后，希望回家后能够得到补偿。这也正是补偿心理典型的负面影响。

虽然补偿心理存在一定的负面影响，但这并不是绝对的不可避免的。我们只要学会用全面、客观的眼光认识自己，意识到自己的优缺点，懂得

"择其善者而从之，其不善者而改之"，用"其善"填补"其不善"之空缺，利用好心理补偿功能，时刻调整自己的状态，便可享受美好的生活。

小贴士

心理补偿是一种使人转败为胜的机制，如果运用得当，将有助于人生境界的拓展。但应注意两点：一是不可好高骛远，追求不可能实现的补偿目标；二是不要受赌气情绪的驱使。只有积极的心理补偿，才能激励自己达到更高的人生目标。

为何多数人在困难面前，都选择袖手旁观

2011年10月13日，在佛山南海黄岐广佛五金城，2岁的王悦被两辆车相继碾轧，10月21日，王悦在医院经过全力抢救无效死亡。最令人震惊的是，王悦在被第二辆车连续碾轧了七分钟，其间路过了18名路人，全都装作没有看见，漠然离去，直到路过了一名拾荒的阿姨陈贤妹将其救出。

一个人遭遇意外伤害或者不法侵害的时候，大部分围观者都选择无动于衷，甚至会麻木地围观，为此我们不禁疑惑，难道人们的良知已经泯灭了吗？究其原因，又有哪些呢？由此不得不提起美国社会学家借助一系列实验得出的"责任扩散效应"的结论。所谓"责任扩散效应"，就是指在出现某种紧急情况的时候，若是在场人员不止一个，那么，帮助别人的责任就会在无形中扩散到更多的人身上，随着扩散范围的增大，个人的责任就会变小。一般在这种情况下，大家总会这样想："大家都没有出手相助，如果只有我一个人帮忙了，岂不就是枉送性命吗？"也正是有这样的想法，个人的责任意识才被抑制了。

2005年，举国震惊的公车乘务掐死少女一案，让许多人唏嘘不已，感慨万分。14岁的花季少女竟然在公交车上因为几句辩驳，在所有人的注目下被公车乘务员活活掐死，当时，竟然没有一名乘客上前制止。

如果当时有一人挺身而出制止乘务员，或者催促司机赶快将少女送去医院，或许这一悲剧就不会发生了。但是事后在取证的时候，没想到还有人继续选择沉默。虽然到最后，终于有人站出来指证事情的经过，而肇事者也得到了应有的法律制裁，但是我们心里仍然有个疑问：人们的正义感都到哪里去了呢？

一出出的悲剧在上演，难道真的是人类的道德在沦丧吗？从心理学的角度来分析，这是责任扩散现象。中国古代有一个"龙多不下雨"的故事，用来解释责任扩散现象再合适不过。

传说很久以前，天上有一条龙，只要人间干旱缺水了，龙知道关怀黎民百姓是自己的责任，便会及时降雨保护百姓。但是当有一天天上出现了好几条龙的时候，情况却发生了让人意想不到的改变——所有的龙都对干旱视而不见，因为它们知道，即使出现旱情，玉帝也不会把责任全归咎于自己。

关于责任扩散这一问题，美国社会心理学家拉特纳与达利还曾专门设计过一个实验，实验结果表明，在面对危险，需要有人伸张正义的时候，在现场的人越多，想要提供帮助的人就越少。

实验内容是这样的，一个女实验员先安排参见实验的人填写一张问卷，然后女实验员到隔壁的办公室工作。4分钟之后，参与实验的人会听见从隔壁传来的叫声，紧接着，是椅子和人一起摔倒在地板上的声音，伴随着呼救声："啊，我的天！我，我的脚……我……我搬不动它了，啊，我的脚……"

实验结果表示，当参与实验者是一个人的时候与参与实验者是多人时，其反应是有很大差别的。参与实验者是一个人的时候，有70%的可能会去隔壁施以援助；如果参与实验者变成两人，任何一人会施加帮助的可

能就会降低到40%；但是，如果两人之中有一个是研究者的助手假扮的参与实验者，若其选择无动于衷，那么另一个参与实验者会提供帮助的可能会降低到7%。

很显然，在听到别人的求救信号的时候，别人的选择与对待此事的态度，对自己的选择有非常明显的观众抑制作用。这也就是为什么当有人陷入困境时，大部分人都会选择事不关己高高挂起的真正心理动机。因此，当悲剧发生在眼前时，围观的人越多，越少人会挺身而出，大部分人都充当着麻木的看客。

事实上，责任扩散的案例在生活里四处可见，有些不负责的行为造成的严重后果，常常都是因为责任扩散的心理。因此，避免责任扩散这种事发生的最好的方法，就是把责任具体到一个人身上。如此一来，扩散到所有人身上的责任就会再次归集到一人身上，这个人就会拥有强烈的责任感。在强烈责任感驱动下，这个人就会立即采取行动。

小贴士

随着社会不断向前发展，人们的生活节奏也在不断加快，所以自私、冷漠已经成了我们的常态，但这并不是我们逃避责任的理由，越是在这种快节奏的生活下，我们越不能忘了初心，越不能忘了自己的社会责任。

为什么现代人大都相信心理测试

大约在两千多年前的古希腊，阿波罗神庙的门柱上就留下了圣者镌刻的"认识自己"的铭文。然而，时至今日，人们在自我认知的过程中，依

然会遭受外界信息的干扰与暗示，因此他人的言行举止对自己总能产生潜移默化的作用，导致自己不能正确地认识自我。这样的心理现象，在心理学上被称为巴纳姆效应。

为了证明巴纳姆效应，曾经有一名心理学家精心构造了一个非常出名的实验，实验内容如下：

他先给一群人做完一场人格特征测验，然后拿出两份测验结果让参加测验的人来判断其中哪一份是自己的。第一份测验结果实际上是测试者自身的结果，第二份是心理学家依靠大部分人的回答自己总结出的结果。

实验结果显现出，大部分人都觉得第二份结果更加精准地表现了自身的人格特征，即使第一份结果才是自己真正的人格。

对巴纳姆效应有所了解后，就不难理解为何现在有这么多人都相信心理测试这种事。大部分的心理测试，就是利用了巴纳姆效应，心理测试的答案不管放在哪里都非常准确，这就相当于心理学家提供的第二份人格特征测试结果一样，仅仅是因为它综合并且平均了每一个人的答案，因此，不管对谁而言，它都是准确的。

其实，如果你稍微留意一下，就会发现心理测试中选择的都是一些涵盖广泛的话，这在大部分人身上都能够体现出来。就像在浩瀚海洋中随手抓几条鱼，然后描述一番这几条鱼的特征，接着，海里的鱼都会觉得自己也是这样的。

因此，设计心理测试的人并没有多么高深莫测，只是因为他们了解并且懂得利用"巴纳姆效应"，掌握了人们的从众心理。

日常生活中，我们无法时时刻刻反省自己，也无法让自己抽离本体，从局外人的角度审视观察自己，只能依靠别人反馈的信息来认知自己。正是因为这样，每个人在认知自我的过程中都极容易受到外部信息的干扰，迷失在周围环境中，受到外部信息的暗示，并且将他人的言行当作自己行动的榜样。"巴纳姆效应"就是这样的心理倾向，就是人们特别容易遭受外界信息的影响，导致自我认知的过程中出现偏差，将一种一般性、不具

体的描述当作自己的特点。想要避免巴纳姆效应，真实而客观地认识自己，通常有如下几种途径：

（1）学会面对自己。

有这样一道用来测验情商的题目：如果一个女人落水昏迷，被救起来的时候发现自己一丝不挂，这时候她的第一反应是捂住哪里呢？答案是大叫一声，然后双手捂眼。

从心理学的角度来说，这就是一个典型的不想面对自己的案例，因为自己有"缺陷"或感觉自己有缺陷，就想借助自己的办法掩藏起来，但是其掩藏的方式大部分都会和上面提到的落水的女人一样，先蒙上自己的眼睛。因此，想要认识自己，必须先面对自己。

（2）培养敏锐的判断力。

很少人天生就具有敏锐而审慎的判断能力，事实上，判断能力是需要收集一定信息之后才能作出决断的能力，信息是判断的基础，没有相当数量的信息的收集，人们想要作出明智的判断是不容易的。

有这样一则故事，一个帮人割草的男孩给一位陈太太打电话："您需要割草工吗？"陈太太回答："不用，我已经有割草工了。"男孩又问道："我可以帮您拔掉花丛里的杂草。"陈太太回答说："我的割草工也可以做到。"男孩又问："我可以把您家草割得和走道周围平齐。"陈太太回答说："我的割草工也能够做到，谢谢你了，我的确不需要新的割草工了。"于是男孩挂断了电话。孩子的哥哥站在一旁听见了他们的对话，不解地问道："你不就是陈太太家的割草工人吗？为什么还要给她打电话？"男孩得意地笑道："我只不过是想确认一下我的工作做得有多好！"

男孩十分用心收集关于自己工作质量的信息，由此可见，他的未来所能取得的成绩，绝不是一般的小孩子可以比的。

不管是成功还是失败，都应该坚持辩证的观点，不可以忽略自己的优点与长处，也要看清楚自己的缺点与不足。只有对自我拥有客观的认识，才可以避免自己产生从众心理，不会跟着他人的想法走。当一个人拥有独

立思想时，才可以成为独立人格的人。

小贴士

相信心理测试除了从众心理的原因，还有一部分人其实是自我安慰。这种自我安慰在自己经历挫折与失败时，的确可以起到鼓励自己的作用，但这并不代表这就是可取的。在很大程度上，相信心理测试会让我们失去自我判断的能力，而选择盲从，也就是失去自己的个性，所以也要把握好度。

看演唱会时人为什么会跟着大声歌唱

如果你看过演唱会或是其他娱乐晚会，你一定会发现，平时内向羞涩的自己，一向不太爱说话，更不太喜欢跟陌生人打交道，可是看演唱会时，你却发现自己在大声地跟着别人一起唱歌，音乐和歌声让你的内心情绪得到释放，于是，你更加喜欢这样的场合，这样的晚会。

其实，不仅看演唱会时会随着大家一起大声唱歌，看体育比赛时也会跟着大家一起高声为运动员呐喊助威。因此，我们不禁要问，为什么同一个人在不同的情况下，会有如此大的差异呢？又是什么心理动机在支持他们这么做呢？

这种现象其实就是心理学上所说的"没个性化"。也就是说，当人把自己埋没在团体中时，个人的意识就会变得非常淡薄，而一旦一个人的个人意识变得淡薄了，他就不会再像以前那样在乎周围的人对自己的看法了，周围的人这时候反而成了天然的保护屏障。在那里没有人认识他，所以他可以随心所欲地做自己了。

巨大的开放感能使自己的欲求进一步增长。反正周围也没有人认识自己，也没有人际关系的束缚，因此就算是平常很害羞的人也会在诸如演唱会这样的场合大声唱歌、高声呐喊助威。此外，大声喊叫出来，也的确是一种不错的释放精神压力的方法，它可以使人心情舒畅。因此，有的人成了"大声狂"甚至大声喊叫上了瘾。

针对"没个性化"这种心理现象，美国心理学家金巴尔德曾以女大学生为对象做了一个实验。

金巴尔德找了20名女大学生参加实验，实验的内容是把女大学生分为两组，让这两组女大学生扮演对犯错的人进行惩罚的人，然后由工作人员扮演犯错的人。这些女大学生被分为两组后，一组人胸前挂着自己的名字，而另一组则被蒙住头，不让别人看到她们的脸。

接下来，心理学家向参加实验的女大学生发出指示，让她们用点击的方法对犯错的人进行惩罚。实验结果表明，胸前挂着自己名牌的女大学生出手很轻，而且每个人由于个性不同，所以点击的时间、力度都存在差异，有的甚至都下不去手。但是蒙着头的那一组人就完全不同了，因为别人看不到她们的脸，她们电击犯错者的时间比另一组长很多。由此可见，有时，"没个性化"会让人变得很冷酷。

心理学家还以此来说明"没个性化"的消极影响。如果这种状态持续发展下去，也存在一定的危险性。当人的自我意识过于淡薄时，就开始感觉什么事都不是自己做的。所以我们千万不能忽略"没个性化"心理对自己的影响，不管是工作中还是生活中，没个性化都可能会使我们变得盲从，进而导致我们在工作、生活中失去自己的个性，而变成一个没有创新、无趣的人。这对我们的工作和学习都有致命的影响。

小馨和小悦都是一家广告公司设计部新招的实习生，入职一个月，设计部的组长决定考核一下小馨和小悦的能力。于是把她们分别分到设计部一组和二组，让她们一起参与最新的广告设计。

两周过去，设计部一组的广告方案被客户选中，但令人意外的是被留

下的实习生却是被分到设计部二组的小悦。大家十分不解，后来组长给出了这样的解释。

虽然两组竞争赢的是一组，但是从两个组长反馈的情况来看：小馨进一组后一直属于一个跟随者的角色，遇到需要集体发表意见的时候，她也基本是随大流，所以她的意见基本上没什么参考价值。但是小悦进二组之后却完全不同，不仅积极发表自己的意见，而且思路很清晰，尽管二组竞选失利，但并不影响大家认可她的实力。

其实不只是设计师，所有的工作都需要有创新能力的人，所有的公司也都希望能招进更有创造力的人才。不管在哪儿，一味地盲从，跟在别人后面，那么只能被埋没在人群中，永远得不到重视。

小贴士

一个人要想在一个团队里站稳脚跟，首先得走出来让大家看到自己，只有突出自己的个性，才能给人留下深刻的印象。当然这里所谓的突出自己的个性是指让大家看到你的实力，给人留下好的印象，而不是哗众取宠，令人感到厌恶。

蓝色汽车发生事故的概率为什么最高

众所周知，行车安全的关键是汽车本身的性能，但你知道吗？行车安全与车身的颜色还有着千丝万缕的关系。有些颜色在汽车遭遇紧急危险时，起到加剧肇事的副作用；相反，还有一些颜色却从某种程度上减弱或者遏制车祸的发生。

国外曾有人进行过统计，在各种颜色的汽车中，发生交通事故比率最

高的是蓝色汽车。那这究竟是为什么呢？

要解释这一现象，就不得不引出色彩心理这个概念了。当我们看到不同的颜色时，心理会受到不同颜色的影响而发生变化。色彩本身是没有灵魂的，它只是一种物理现象。我们长期生活在一个色彩的世界里，积累了许多视觉经验，一旦知觉经验与外来色彩刺激发生一定的呼应，就会在人的心理上引出某种情绪。这种变化虽然因人而异，但大多会有下列心理反应。心理学家研究发现，当人们看到不同的颜色的时候，自然就会联想到不同的东西，比如看到蓝色，就会联想到蓝色的天空，看到绿色便会联想到绿油油的草地……这些不同的联想，让我们对不同颜色产生不同感觉，这便是色彩心理。

还是拿蓝色汽车举例。首先，颜色是有进退性的，即所谓的前进色和后退色。例如，有红色、黄色、蓝色、黑色共4部轿车与你保持相同的距离，你就会觉得红色车和黄色车要离自己近一些，是前进色；而蓝色和黑色的轿车看上去较远，是后退色。前进色的视觉效果要比后退色好，看起来要近一些，车主就会早一点察觉到危险情况。

其次，颜色有胀缩性，即膨胀色和收缩色。举例来讲，将相同车身涂上不同的颜色，会产生体积大小不同的感觉。如黄色看起来感觉大一些，是膨胀色；而同样体积的黑色、蓝色感觉小一些，是收缩色。收缩色看起来比实际要小，尤其是傍晚和下雨天，常不为对方车辆和行人注意而诱发事故，蓝色为收缩色，看起来比实际要小，所以要离很近才会引起注意。

当然汽车发生交通事故是由多种原因造成的，所以不能简单地将汽车颜色与交通事故认定为因果关系。然而，有一点是毫无疑问的，那就是汽车颜色的进退性、胀缩性等性质的不同与事故率的差异是有关联的。因此，我们在路口时要特别注意对向行驶的蓝色汽车，在高速公路上要特别注意自己前方的蓝色汽车。

如今越来越多的人注意到色彩心理的重要性，并开始把它运用到生活的各个方面。例如，路边的大幅广告牌总是用红色或者黄色，因为它们不

仅显眼还有突出效果，关键是即使离得较远，也能一抬眼就注意到。而像麦当劳或必胜客这样的快餐店，装修则多采用明亮的橙色或红色，因为这两种颜色有使人兴奋和愉悦的作用，可以增进人们的食欲，最重要的是这两种颜色加在一起会增加人的紧张感，所以去快餐店就餐的人用餐时间都很短，而且很少逗留。像卧室的装修则多用蓝色或绿色，因为它们会让人想到蓝天、白云，颜色相对柔和，会给看得人如沐春风的感觉，适合休息。

由此可见，色彩对一个人的精神和生命活力有重要的作用，同时对一个人的心理也有非常重要的影响。那么我们能不能根据一个人喜欢的颜色来判断他的性格特征呢？答案是肯定的。心理学家研究证明，喜欢不同颜色的人，性格也有明显的差异。例如，喜欢黑色的人对生活充满忧虑，常常觉得有事情做得不够顺心。喜欢白色的人则志向高远，无论是对爱情还是事业都有很高的追求。喜欢红色的人则冲动、容易暴躁，不过他们也非常热情、勇敢。还有喜欢粉色的人，他们比较多愁善感，心思比较细。总之，每种颜色都代表着不同的性格特征。

当然，我们也不能完全依靠他人喜欢的颜色来判断个人的喜好和性格，虽然心理学家证明了色彩心理对人的影响，但这也是因人而异的，出现反差也是十分正常的。

小贴士

人们对色彩的好恶，还跟国家地区、宗教信仰、生活环境、经济条件的不同有莫大的关系，因为这些因素都会导致每个人独特的色彩心理的差异，比如，中国人把红色作为喜庆热闹的颜色，而西方人把白色视为纯洁忠贞的象征，所以中国新娘在婚礼上总是穿着大红色的礼服，而西方的新娘则披着洁白的婚纱。所以，有时候，了解这些色彩方面的知识，其实对我们了解一个地方的习俗、融入当地生活也是有好处的。

心理学与成功：做好准备，成功随时可能到来

成功从来都是属于有准备的人，机会来了，也只有那些做好准备的人才能抓住成功。每个人在通往成功的路上都会遭遇无数次的失败，只有那些遭遇失败，仍能坚守信念、永不言败的人才能真正走向成功,从现在开始做好准备，多做对你的发展有利的事，每天一点小进步，时间到了，成功自然会向你走来。

物以类聚，你也可以把成功吸引过来

吸引力法则又叫做吸引定律，这是心理学上非常出名的一条心里定律，简单来说，就是同类相吸、同频共振。当我们把思想、语言、情感与行动结合起来，所产生的能量能够吸引与其相似的能量，也就是说，积极的能量可以吸引积极的能量，而消极的能量也只会吸引消极的能量。

常言道：物以类聚，人以群分。追求与喜好相同的人，更容易走到一起，成为朋友，有的人甚至会生出相见恨晚之感，事实上，这都是人们内心的吸引力产生的作用。观察一个人，只要看看他身边朋友是什么样子的，就差不多可以判断出这个人是什么样子的。一个人若是品德高尚，那么他身边的朋友也不会是道德低劣之辈。

齐宣王求取贤才之际，希望大家积极推荐品德好、有才能的人。有一个叫淳于髡的人一天之内就为齐宣王推荐了七个贤士。齐宣王非常高兴。然而，面对一下子出现了这么多的德才之辈他又有些疑惑。

于是齐宣王将淳于髡叫来，问他："先生，我有点疑惑需要请教您。听说，如果可以在方圆千里内寻得一位贤士，那么天底下的贤士就能够多到肩并肩地站成行在你面前。若是古今上下近百年内有一位圣人出现，那么世上的圣人就可以多得脚挨着脚走向你。现在，您一天就给我推荐了七位贤士，这样一看，贤士岂不是到处都有，太多了吗？"

淳于髡笑了一下，回答齐宣王说："大王，俗话说，物以类聚、人以群分。一类的鸟儿总会聚集、栖息在一起；一类的兽物，也会一起行

走、生活。若是我们去潮湿又低洼的地方找桔梗、柴胡这种植物，不要说几天，就是几辈子都不可能找到；然而要是去山上寻找，就可以一车一车地装了。万事万物都会选择同类相聚。我淳于髡从来都是和贤人在一起，每个朋友都是品德高尚、才智超群的人，大王您让我帮您寻找贤士，这就相当于在河中舀水，在火上取火一样，是十分轻松，取之不尽的，您又怎会觉得我一天给您推荐的贤人有点多呢？我身边的贤人非常多，不止这七位。以后，我还会继续给大王推荐的。"

淳于髡的一番话，让齐宣王茅塞顿开，心悦诚服。原来，不是世上的人才太少，而且没有发现人才的途径与方法啊！

淳于髡为齐宣王举荐贤人时，之所以可以像在河中舀水，在火上取火这样简单，正是借助了吸引力法则。不管看个人追求还是看思想情感，淳于髡的身边大部分都是与他志同道合的人，因此齐宣王只要认识淳于髡，就可以招纳更多与淳于髡一样的人。

《三字经》里的"昔孟母，择邻处。"讲的是孟母三迁的故事。孟子小时候，父亲因病早早去世了，孟母非常忠贞，没有选择再嫁他人，一个人担起教育孟子的责任。开始的时候，他们家在郊外，附近是一片墓地。每次有人办完丧事，孟子和周围的孩子就会模仿丧礼上的人，一起鬼哭狼嚎。孟母认为这是不利于孟子成长的，就和孟子一起搬家了。

第二次搬家，他们住在一条街上，隔壁是一个卖猪肉的屠户。孟子与附近的小孩一起玩后，又开始模仿屠户做生意。孟母看见后，认为这也会对孟子成长有影响，于是再次搬了家。

第三次搬家，孟母和孟子住在一处文庙附近。每到夏历初一时，都会有官员结伴来文庙跪拜行礼。孟子看见了，也会模仿他们的样子，逐渐变成了一个知书达理的小孩。孟母非常开心地说：这才应该是孩子住的地方啊！

孟母三迁的故事被后人世代流传，更成为家长们教导孩子的经典。世人也经常拿这个故事提醒自己要常和好人与实物交往，如此一来才可以养

成好习惯，变成更优秀的人。

若是真正读懂了这则故事，就会明白，影响孟子言行的不是房子，而是那些住在他身边的人。俗语说：近朱者赤，近墨者黑。如果你身边都是有志向的人，那么你也可以充满斗志，生活积极进取，因为没有人会想成为最差的。因此，平时多结交一些成功之人，他们可以把自己的正能量传递给你，加之自身的努力，这样一来，你离成功就不远了。

小贴士

道不同，不相为谋。虽然我们不可能像孟母一样屡次搬动自己的家，但是不代表我们就可以不努力了。我们可以先提高自己的素养，向成功的人靠近。只有先改变自己，让自己越来越好，才能吸引更好的人来到我们身边。

勇敢出击，绝不轻言放弃

狼群在草原上被称为"草原战神"，只要它们嗥叫一声，就能让周围的动物闻风丧胆。但是狼也不是无往不胜的，据有关专家做的与狼相关的实验证明，狼每次出击，成功捕到猎物的概率为十分之一。也就是说，狼每主动出击十次，只有一次能捕到猎物。但也正是这十分之一的成功概率，养成了狼群的生存法则——绝不轻言放弃。

其实狼不是不会失败，它们之所以会被称为"草原战神"，是因为它们从不轻言放弃，所以即使经过了九次的失败，当再次看到猎物的时候，它们还是愿意在大树下等待好几个小时，随时做着攻击的准备。无论是企业还是个人，只要你具备了狼群的生存法则，绝不轻言放弃，成功就不会

离你太远。倘若你遇到困难与挫折，首先想到的不是放弃，那么这些困难和挫折只会成为你前进路上的动力，而不是阻碍你成功的绊脚石。

刘玺和于伟是好朋友，两人结伴去沙漠冒险，结果在路上迷路，失去了方向，眼看着天就要黑了，他们身上背的食物和水也没有了。两人越往前走，心越慌，沙漠又干又热，刘玺觉得他们一直这么漫无目的地走，要是再没有水，他们肯定会死在这儿。越想越不安，刘玺觉得脚下的步伐也越来越沉重，最后干脆自暴自弃地坐在原地。

"反正再怎么走，也还是没用，还不如坐在这儿等死算了！"刘玺十分消极地说。但是于伟却不这么想，他觉得只要找到水源或者是同样在沙漠的人，就还有希望，所以他说什么也不愿意就这么放弃。最后两人商定，于伟继续去找水，刘玺在原地等他，为了防止两人走失，于伟把唯一一把防身的猎枪留给了刘玺，并叮嘱他说："枪膛里还有5颗子弹，每隔一小时，你就放一枪，为了不让我找不到你，你一定要做到。"

于伟走后，刘玺按照他的吩咐每隔一个小时打一枪，但是眼看着只剩1颗子弹了，于伟还是没回来。眼看着天都黑下来了，一整天的饥饿加口渴，现在还有于伟的"背叛"，刘玺彻底绝望了，他打了最后一枪，但对准的却是自己的脑袋，因为他放弃希望，选择了自杀。

就在他饮弹自杀倒下不久，于伟带着两壶水，循着枪声回来找他了。

刘玺丧生沙漠不是因为缺水、不是因为迷路，而是因为他放弃了生的希望。没有人可以一帆风顺地过完一生，谁都会遇到挫折。有人遇到挫折就半途而废；有人也会凑合过着不完美的人生，而终日怨天尤人；也有人不畏艰难，勇敢面对困境，理性地、孜孜不倦地追求，懂得选择，不抛弃不放弃，最终创造出属于自己的天地。成功总是眷顾不轻言放弃的人。

圆圆和罗西都是一家玩具公司的业务员，两人每天走街串巷，给各种人赔着笑脸，鞋也走破了，嘴也说起皮了，可就是没有一个愿意买玩具的客户。两个月过去了，两人连一个小水枪也没推销出去。

终于有一天罗西受不了了，她觉得经理安排这样的工作给她们，根本

就是看她们没有后台，好欺负，便跟圆圆商量要一起辞职，重头开始。圆圆劝她说："万事开头难，还没到要放弃的时候，我觉得我们经常去的那几个小区的幼儿园还是很有希望买我们的玩具的。"

"姐，你自己都说了，是经常，我们都去了多少次了，要是他们有心订早就订了，这次不管你说什么，我是一定要走的。"罗西说完立刻交了辞职信，开始在网上找起新工作了。

一周过去了，这天早上，罗西和圆圆一起从出租屋出门，圆圆继续去拜访幼儿园，罗西则去新公司面试。晚上，两人回到家却是两种心境，圆圆再次拜访那些幼儿园时，幼儿园的园长被她的诚意打动，向她预订了整套的幼儿园里要用的各类玩具。这是笔不小的订单，圆圆拿到了2万块的回扣，赚取了人生第一桶金。罗西却没这么幸运了，因为没有实质性的工作经验，面试失败了。

从这之后，圆圆的工作越来越顺利，各种大订单源源不断，人脉也积累了不少，不到五年的时间，她已经有了自己的小玩具公司了。而罗西的工作却是走马灯似的换，有时还得找圆圆借钱才能度过过渡期。

职场犹如战场，变幻莫测，并不是所有的努力都能在第一时间得到回报，要想在职场站稳脚跟，一步一步迈向成功，就必须拥有永不放弃的精神。遇到困难，第一时间想到的是怎么解决，而不是放弃，你的人生才会有成功的可能。

小贴士

我们生活的社会处处充满竞争，既然没有人可以完全置身事外，那么我们何不勇敢起来，坚持下去，用永不放弃的精神为自己赢得一片属于自己的天地？

找到你的方向，明确自己的"灯塔"

航行在大海上的船，看见灯塔，就不会失去方向。灯塔和船的眼睛一样，只要船想靠岸，就不能没有灯塔的指引。人的一生和大海上航行的船一样，人生目标就是引导船的方向的灯塔，只要目标明确，人生就不会迷茫。在心理学上，这被称为灯塔效应。有的人生活可以五彩缤纷、拥有大好前程，有的人只能一辈子都十分平庸、碌碌无能。之所以会出现如此大的差别，就是因为人们的目标不一样，其选择的生活方式也会不一样，而最终自然会得到各不相同的结果。

很多人感觉自己的人生非常迷茫，不知何去何从，归结原因就是没有自己的志向，也没有奋斗的目标。没有目标，也就没有前进的方向，生活就会和一盘散沙一样；没有远大的志向，人就没有动力，十分懒散，只会叹息茫然，听天由命。

张亮上学时成绩优秀，一直是老师、家长眼中考名牌大学的好苗子。张亮18岁那年如愿考上了北方的一所大学，毕业后顺利到一家小有名气的杂志社应聘成了记者，但是工作后的张亮并没有像大家所想的那样顺风顺水。原来因为家人、老师的期盼，读好大学、找好工作一直是张亮前进的目标，可是参加工作后，张亮忽然失去了努力的方向，工作也一直不温不火的，很快便失去了动力，每天混混噩噩，出版社里的老编辑见他没什么上进心也是颇有微词，经常在领导面前批判他。张亮觉得压力巨大，于是辞职了。

辞职后的张亮看见昔日的许多同窗因为做销售，现在混得还不错，便找了一份销售的工作，想到为什么不去试一试酒店管理的职业呢？既轻松，还可以管理别人。就这样他又花了一个月恶补了酒店管理的知识，但是因为缺乏实践经验，只能从最基本的服务员做起。做了不到两个月，张亮觉得没什么意思，再一次辞职了。

浑浑噩噩、没有目标的张亮，就这样，在毕业后很多年，依然混迹于普通公司的底层职位。

目标和指引船只靠岸的灯塔一样，可以指引人坚定地迈向成功，也是人们前进的动力。因此，想要成功，必须设立一个为之奋斗的目标，否则任何事都是空谈。

人生缺乏目标，生活必然枯燥乏味；人缺乏目标，也注定茫茫然，不知身归何处；而企业缺乏目标，也肯定走不长远。对企业而言，只有建立一个远大的目标，帮助员工描绘未来的宏伟蓝图，才可以充分地调动员工的积极性，让员工感到有希望，让他们明白，自己现在之所以这么努力，都是为了可以有一个美好的未来。

1992年4月，沃尔顿为沃尔玛制订了年销售额需要达到1250亿美元的目标。这一目标在当年看起来非常夸张，然而很大程度上它也鼓舞了员工的士气，就像一块吸铁石一样，吸引着员工不断努力，与之接近。

这一远大的目标，事实上就是老板为员工设置的"灯塔"，正是在灯塔的引导下，员工工作时不再盲目，每个人都精神抖擞，充满了斗志，发誓为了这一目标努力奋斗。

2001年，沃尔玛依靠年销售额2100亿元争得世界500强企业第一名的桂冠，终于实现了沃尔顿的梦想。虽然这个伟大的瞬间，创始人沃尔顿无法亲眼见证，但是沃尔玛可以获得如此成就，也在他的意料之中。正是由于沃尔顿多年前帮助沃尔玛定下的远大目标，沃尔玛才有了指路明灯，可以稳健地驰骋在商海之中。

目标能够带给人们前进的动力。心理学家通过研究发现表明：人们在行动时有明确目标的，其行动力就会很强，为了实现目标，人们会自觉比以前更加努力地工作与生活。因此，目标是成功的前提，没有目标，人的一生就会迷失方向，迷失自我。

小贴士

很多人之所以碌碌无为一辈子，并不是一开始他们就没有目标，而是他们一开始给自己订的目标太模糊了。目标不够明确，跟没有目标并没有什么两样，所以他们行动起来仍旧是盲目的，最终也只能一事无成。制定目标很重要，目标的合理性更重要。如果我们制定的目标不符合我们的实际能力，或者根本只是空想，那实际上也是没用的，是徒劳无功的。我们只有把目标细化，具体到我们每一阶段的工作中，再结合我们的努力，才能实现目标。

不要把时间浪费在不值得的事情上

不值得定律是人们经常存有的一种心理现象，最直观表现不值得定律的就是：这件事不值得去做，也就不需要做好。这一定律反映的是人们这样一种心理，一个人若是从事了一份自以为不值得的工作，就会容易产生敷衍塞责的态度，对该工作冷嘲热讽。如此一来，成功率极低，即使成功了，也不会产生多少成就感。因此，对个人而言，若是你的工作不具有"值得做"的三项因素，那么就该思考一下是否换一份工作了。

刘能是毕业于计算机专业的硕士生，在一家大型软件公司工作。工作没过多久，就因为专业技术过人，工作能力出色，替公司研发出一套大型财务管理软件，受到领导的肯定与同事的称赞。去年还被提升为开发部经理。他不仅技术精通，还受到下属的信任与尊敬，开发部在他的带领下成绩斐然。公司老总觉得刘能很有能力，将其提升至总经办，负责整个公司的管理工作。受到任命的刘能并没有多么开心，因为他深知自己擅长的方

面是技术而不是管理，如果纯粹做管理，不仅无法发挥自己的特长，还会荒废自己的专业，最重要的是，自身并不喜欢做管理。但是，碍于领导的面子和权威，刘能最终接受了这项对他来说并不值得去做的工作。

果不其然，接下来的一个月里，虽然刘能也付出了很多心血，然而结果还是令人大为失望，公司也开始给他增加压力。如此一来，刘能不仅感觉工作非常压抑，没有乐趣，还更加讨厌自己的职位和工作内容，甚至想要辞职。

在职场中，每个人大部分的精力都消耗在和工作相关的事上，若是将大量的时间浪费在一件不值得做的事上，那么工作只怕是要成为一件苦差事了，就和刘能一样，甚至还可能对自己的前途造成影响。因此，只有选择你喜欢的，并且喜欢你选择的，才有可能激发自身的奋斗之心，也才有可能做到心安理得。这正是不值得定律给予我们的启示：不要选择不值得做的事，选择了值得做的事后就一定要把它做好。

那么究竟什么才是值得去做的事呢？那就是符合自身的价值观，适合自己的气质与个性，并且可以让我们看到希望的事才是值得我们去奋斗的事。

画家莫奈曾经画过这样一幅画：在修道院中，几名天使正在辛勤工作着，其中一个架上水壶准备烧水，另一个提起水桶，还有一个穿着厨师的衣服，正准备伸手够盘子……这样的事看起来单调，但是天使们做得悠闲自在，因为在他们眼中，这就是值得去做的事，因此可以全神贯注地把这些事做好。

莫奈告诉我们工作是否单调，全都是由我们工作时的心情来决定的。就像我们从外面观察一间破旧的小房子，窗户可能早就残破不堪了，门也可能失去了光彩，但是，如果你推开门走进屋子，兴许看见的就是另一幅光景——温暖的家。工作也是这样，当你置身其中的时候，才有可能体味到其中的趣味和意义。

但是，在现实生活中，很多人都无法避免地遇见这样残酷的事实：就算是不喜欢的工作，也得长期坚持，努力工作，因为自身无法改变。在这种情况下，我们也需要调节自己的心态，将其当作一件值得去做的事情，

不然这份工作日后也将成为我们的心理负担，长此以往，势必心情抑郁，导致身心俱疲。

若真的是这样的情况，何不用恋爱的心情来面对我们的工作呢？不光是选择自己喜欢的，忠于心中所爱，更要在坚持的道路上用心经营，如此一来，爱情才能够长久。用这样的心境面对自己的工作，才有可能在工作中有一定收获。也就是说，不管是什么工作，只要摆到了你的面前都值得你用心对待，只有具有这种心态，才能使你无往不利。

小贴士

不为不值得的事情浪费时间，不是让你选择逃避，而是希望每个人都能直面现实，该放弃的时候果断选择放弃，而不是被不值得的事绊住脚步，然后裹足不前，失了往前发展的机会。

困境是使你强大的垫脚石

一个名叫阿费烈德的外科医生解剖尸体的时候，发现了一个奇怪的现象：人们那些患病的器官并没有大家想象的那么糟糕，相反，在和疾病的斗争中，为了抵御病变，和正常器官相比，患病器官常常有更强的机能。

这一发现最早是源于肾病患者的遗体，当阿费烈德取出死者体内患病的肾时，他发现那只肾要大于正常人的肾。当他观察另外一只肾的情况时，他发现病人的另外一只肾也超出了正常人的尺寸。在很多年的医学解剖过程里，阿费烈德不断地发现包括心脏、肺等差不多几乎所有人体器官中都出现了这样的情况。

为此，阿费烈德还专门写了一篇非常有影响的论文，以医学的角度上

进行了分析。他认为患病器官的尺寸之所以大于正常器官，是因为其与病毒进行抗争的过程中，不断加强了自体器官的功能。如果有两个一样的器官，其中一个死亡之后，另一个就要独自承担所有的责任，因此，健全的器官就变得更加强壮。

在帮助美术生治病的时候，他又发现了一个奇怪的现象，这群画画的学生，其视力经常不如别人，有一些甚至还是色盲。阿费烈德认为这是病理现象重复在了社会现实中，于是他将自己的思维触角延伸到了更加广泛的层面。

在对艺术院校教授的研究中，他发现了与自己的预测完全相同的结果。那些走上艺术道路颇有成就的教授，原本都有一定的生理缺陷，这些缺陷并没有阻碍他们，反而帮助他们走上了艺术道路。

阿费烈德把这种现象叫作跨栏定律，即一个人的成就大小常常与他遇到的困难程度有关。你面前的栏越高，你就会跳得越高。事实上这很好理解，生活中的很多现象都能够解释这一定律。比如，盲人的触觉、听觉与嗅觉都要比常人更加敏感；没有双臂的人其平衡感反而更强，双脚也更加灵活。这些优点，就好像是被上帝安排好的，若你没有失去，你就没有办法得到它们。

被世人誉为奥运会史册上的"女飞鹰"的纳兰达·巴拉斯出生在一个十分困难的家庭里。她的母亲患有精神分裂症，无法正常工作，她的爸爸是一个嗜酒如命的赌棍。就这样，没人管教的巴拉斯成了街上名副其实的"疯孩子"，每天跟当地的流氓打架斗殴，还渐渐染上了偷东西的坏习惯。直到12岁那年，她认识了跳高运动员威尔逊。威尔逊十分同情这个可怜的孩子，于是决定当她的跳高教练，教她跳高。

当巴拉斯知道这个消息后，很惊讶也充满疑惑，成为运动员在她眼里就是遥不可及的事。她不安地问威尔逊："我真的可以成为运动员吗？"

"当然可以，为什么不呢？孩子！"

"你知道我妈妈是精神病，我爸爸……"

　　威尔逊知道巴拉斯虽然表面放荡不羁，是个"疯孩子"，但其实骨子里因为家庭的原因，十分自卑，他必须让巴拉斯重拾信心，否则她没办法了解自己的潜力。于是威尔逊在巴拉斯面前架起了一个1米高的栏杆，并鼓励巴拉斯："相信自己，你可以跳过去的。"

　　巴拉斯很犹豫，但还是咬紧牙关跳了，结果真的跳过去了。巴拉斯欣喜地望着威尔逊，威尔逊拿开栏杆，让巴拉斯再跳一次。让巴拉斯意外的是，她这次跳得反而更低了，只有0.6米。

　　威尔逊捡起地上的栏杆，语重心长地对巴拉斯说："巴拉斯，你看到了吗？这根栏杆就是你苦难的家境，有了它，你反而跳得更高。要是你不信，我可以把栏杆调高到1.2米，你也可以跳过去。"

　　巴拉斯再次咬紧牙关，果然跳过了1.2米。两年后，巴拉斯跳过了1.51米。1955年，19岁的巴拉斯跳过了1.75米，打破了世界纪录。1956—1961年，先后14次打破女子跳高世界纪录，把纪录从1.75米提高到1.91米。她在1961年创造的1.91米的世界纪录，保持了10年之久。

　　答案的大小取决于问题的大小，就像巴拉斯不断突破自己，增加栏杆的高度一样，障碍可以帮助我们变得更加强大。英国有这样一句老话：若这件事无法毁了你，那么它就可以使你更加强大。苦难并非是绝对的苦，对于弱者来说，它是万丈深渊，而对于强者来说它却是可以向上攀爬的阶梯。

小贴士

　　潜能的激发，可以帮助人变得无所不能，而把潜力全部激发出来的最好方法就是不断加高眼前的"栏杆"。苦难不是逃避与选择懦弱的借口，对于成功人士而言，苦难只不过是他们迈向成功的跳板而已。当你遇见困难或者挫折的时候，没有必要被眼前的困境所吓退，要知道，当你勇敢面对，坦然接受生活赐予的挑战时，就可以克服这些挫折与困难，获得更好更高的成就。

学会放弃，你会更懂得什么是争取

卡贝理论的提出者是美国电话电报公司前总经理卡贝，他指出：放弃是创新的金钥匙。卡贝的这一理论提醒人们：放弃有时比竞争有意义。换言之，就是在未学会放弃之前，你将很难懂得什么是争取。

随着社会发展脚步的不断加快，人们的生活越来越浮华，面对的诱惑也越来越多。于是，在众多的致命诱惑面前，太多的人忘却了理性的分析和选择，忘却了放弃，而任凭拥有和欲望的野马在陷阱密布的商界里纵横驰骋。殊不知，面对诱惑，"放弃"其实也是一种高深的战略智慧。学会了放弃，你也就学会了争取。

张三和李四都是村里有名的穷樵夫，因为他们每天傍晚都会去山上捡柴禾贴补家用。一天，他们正捡完柴往回走，忽然看见路边有一包很大的新棉花，应该是路过的人掉的。两人喜出望外，这可比柴禾值钱多了，于是两人扔下柴禾，把棉花分成两份，一人扛着一半继续往回走。走了一会儿，两人又看到路边有一捆布匹，两人走近一看，居然是好几匹上等的丝绸。张三想这可比棉花值钱，便跟李四提议，把棉花扔掉，一起抬着这些丝绸到镇上卖了，再把钱平分。但是李四觉得自己已经背着棉花走了这么久，现在丢了就是浪费了之前的力气，所以说什么也不愿放弃。见同伴不同意，张三只好背着一大捆丝绸，辛苦地继续前行。

两人又走了一路，就快要到山下的时候，张三看见路边的树丛里隐约有光一闪一闪的，张三走近一看，高兴地叫了起来，原来那一闪一闪的不是别的，而是一堆金子。张三招呼李四，让他放下棉花，拿这些金子回去，不只是棉花，就连做点小生意都不用愁了。李四仍旧不愿意，觉得现在放弃棉花就是浪费之前所花的力气，而且他也不相信山上会忽然出现金子，所以一直质疑金子是假的。张三无奈，一言不发地背着金子继续往回走。

经过这么一折腾，两人到山下的时候，天都黑了。两人正兴奋地往家赶，忽然风雨交加，下起了瓢泼大雨。李四背上的棉花被打湿，重量一下增加了好几倍，压得他走路都跟跟跄跄。李四只能扔掉棉花，空着手回了家。张三背着金子，虽然淋了雨，但是还算顺利地到了家。后来，张三拿着金子做了小买卖，还娶了老婆、有了孩子，日子过得十分幸福。

有机会选择放弃的时候不舍得放弃，到了万不得已要放弃的时候，才开始对自己当初的舍不得放弃感到懊悔。鱼和熊掌不可兼得，任何时候，只有懂得放弃肩上的"棉花"，才有机会选择更值钱的"黄金"。有时候不懂放弃，其实也就失去了选择的机会。无论做事还是做人，在需要选择的时候都必须有所选择，放弃该放弃的，才能拥有自己真正想要的。

张心雨是X市的一家房地产公司的售楼小姐，她所在的房地产公司一共销售两种类型的房子，普通房和别墅，普通房又分为一居室、两居室等多种户型。售楼小姐是按交易额拿提成挣钱的，交易额越高，提成也就越多，所以售楼小姐都争着抢着卖别墅，因为卖一栋别墅比买几座普通房都划算。一开始心雨也是这么想的，但是都两个月了，一栋别墅也没卖出去，心雨觉得不能再这么等了，于是决定找经理，调到普通房的销售区。同事都不理解她的决定，好不容易调上来了，现在放弃实在可惜，但是心雨却觉得不得不这么做。

卖普通房之后，心雨换了一种销售方式，开始走亲民路线，只要有顾客咨询，她都会耐着性子回答，有时还会陪客人聊聊天。大家都在大城市居住，人与人之间交流本来就不多，心雨主动接近，一下就拉近了她和顾客之间的距离。有一次，一位阿姨在她这儿买了一套房子，后来又拉着准备给儿子买婚房的好朋友也在心雨这儿买了房子。

不到一年，心雨就已经成了她们公司的销售冠军了，不只工资待遇噌噌往上涨，老板还升了她的职位，让她做了销售经理。

其实心雨之所以能走出之前的低谷，正是因为她果断选择了放弃，所以她有了重新开始的机会。心雨无疑是聪明的，她知道与其在别墅区，

和大家抢破脑袋，既伤了和气，又挣不到钱，还不如放弃别墅区，转移阵地，重新开始。

放弃，是为了更好地选择。通往成功的路并非一条，适合别人的路不一定就适合自己。在同一条路上，与那些争先恐后要取得成功的人们相互挤来挤去，最终自己很有可能被挤下水。这样一来，成功更是无从谈起。"别人卖果，我卖篓"又何尝不是一种生财之道？既然目标既定，而方法不止一个，放弃那些不适合自己的，选择更好、更适合自己的，你就掌握了成功的秘诀！

小贴士

学习卡贝理论并不是让你一遇到困难就放弃，这样理解就大错特错了。卡贝理论其实是想告诉大家，不必为了没有必要的事情浪费时间，停在原地纠结。选择放弃不是让你自暴自弃，而是为了让你离开这个不属于你的环境，给自己更多选择的机会。

参考文献

[1]晓宁.心理学与生活：让你受益的88个心理学定律[M].北京：中国纺织出版社，2014.

[2]赵铭磊.暗示心理学[M].北京：中国纺织出版社，2015.

[3]隋岩.心理学与生活(实用版)[M].北京：中国法制出版社，2013.

[4]墨菲.生活中的心理学大全[M].北京：中国华侨出版社，2015.